新幹線の科学
改訂版

進化し続ける日本の「大動脈」を支える技術

梅原 淳

SB Creative

著者プロフィール

梅原 淳（うめはら じゅん）

1965年、東京生まれ。大学卒業後、三井銀行（現在の三井住友銀行）に入社。その後、月刊『鉄道ファン』編集部（交友社）などを経て、2000年に鉄道ジャーナリストとして独立する。『JRは生き残れるのか』(洋泉社)、『電車たちの「第二の人生」』(交通新聞社)など著書多数。

本文デザイン・アートディレクション：株式会社ビーワークス、クニメディア株式会社
校正：曽根信寿

はじめに

新幹線という鉄道はそれまでの鉄道の概念を変えてしまった。専用の線路を敷き、専用に開発された高性能な電車や信号保安装置を用いることで、200km/hを超える超高速での運転に対応させている。新幹線とは**1つの交通システム**であり、従来の鉄道とは別の乗り物といっても過言ではない。とはいうものの、一般には新幹線とは、たんに速く走っているだけの鉄道だと認識されている。そこで、**従来の鉄道とはどこがどのように異なっていて、どのような特徴をもっているのか**について本書で説明を試みた。新幹線について、中学生や高校生のみなさんにも理解いただきたいと考え、筆者は平易な文章で執筆することを心がけた。しかし、ふだんは目にすることのできない領域にも踏み込んだため、鉄道に関する専門的な知識をおもちの方にも読みごたえのある内容となったのではないだろうか。

今日、新幹線の有用性を疑う者はいない。だが、はじめて東海道新幹線が建設されようとしたとき、多くの人々、特に作家や評論家といった文化人は、軒並み新幹線の計画の荒唐無稽さを批判した。「ピラミッド、万

里の長城、戦艦大和、新幹線は世界の四バカ」と新聞紙上で批判したある著名作家の言葉は、流行語となったほどだ。東海道新幹線はこうした批判をものともせず、計画を進め、結果的に成功した。これは、当時の日本国有鉄道(国鉄)の十河信二総裁(故人)のリーダーシップによるところが大きい。十河総裁は国鉄内部の強い反対を押し切り、完全に独断で新幹線の建設計画を進めた。一歩間違えば、「国鉄を私物化した極悪人」という評価がのちの世に広まっていたかもしれない。

　そんな十河総裁だから、今日の新幹線網を見てさぞや満足するだろうと考えたくなるが、おそらくは違う言葉をつぶやくはずだ。「こんなに新幹線をつくってしまって採算は取れるのかい？　それこそ『世界の四バカ』ではないのかね」と。十河総裁は新幹線の価値とともに、新幹線の負の面にも気づいていた。ある国鉄職員に十河総裁は次のような旨を語ったという。「新幹線はいずれ政治の道具となって日本中に張りめぐらされる日がくるだろう。しかし、本当の意味で新幹線として成り立つのは東海道新幹線だけ。甘く見積もっても山陽新幹線の岡山までだ」。今日の整備新幹線に対し、高額な建設工事費に見合うだけの旅客需要が存在するのかどうかは疑わしいと、十河総裁は見抜いていたのである。

　十河総裁はもう1つ、新幹線の負の面を意図的に生みだした。新幹線は旅客だけを乗せ、貨物は運ばないという点である。実をいうと、東海道新幹線では貨物輸送

が計画されたが、事前の予測では旅客を乗せた列車で線路がいっぱいとなり、貨物列車を走らせる余裕がないとして見送られた。それでも、国鉄が世界銀行から東海道新幹線の建設資金を調達する際、これでは審査に通らないと貨物輸送に関する車両や施設の建設計画を立て、一部の施設は使用の目途がないにもかかわらず、実際につくられている。

　既存の新幹線はともかく、これからの新幹線で貨物を輸送できるようにすれば、**旅客の輸送需要が少ない区間でも採算ラインに乗る可能性**が十分ある。そうなれば、全国をくまなく新幹線で結ぶことも夢ではない。

　本書は、お読みいただいたみなさんに、新幹線に関する公正な見方を提供することを主眼とした。若い(年齢だけではない)みなさんが、本書によって新幹線をよりよくしようと活動するための基礎的な知識を身につけていただければ、筆者にとってこれに勝る幸せはない。

　本書の執筆にあたってはJR各社や鉄道建設・運輸施設整備支援機構(鉄道・運輸機構)をはじめ、関係省庁や関係する自治体、法人、個人には取材での便宜や資料・写真のご提供など、多大なご協力をいただいた。厚く御礼を申し上げたい。また、本書は2010年7月の発行後、大変ご好評をいただき、このたび最新の情報に書き換えて改訂版を上梓する運びとなった。重ねて感謝申し上げたい。
　　　　　　　　　　　　　　　2019年8月　梅原　淳

新幹線の科学 改訂版

進化し続ける日本の「大動脈」を支える技術

CONTENTS

はじめに ……………………………………………………… 3

第1章 N700系の科学 ……………………………… 9
- 1-1 N700系はなぜ300km/hもだせるのか？ ………… 10
- 1-2 300km/hを実現する車体傾斜装置の秘密 ……… 12
- 1-3 空気抵抗を減らして「速く静かに」走行する ……… 15
- 1-4 増えたモーターがどんどん架線に電力を戻す …… 17
- 1-5 バリアフリー化や防犯対策で人にやさしい新幹線に … 19
- COLUMN1 幻のN700系、16両の9000番台 ……………… 22

第2章 新幹線の基礎知識 ………………………… 23
- 2-1 新幹線の列車を実際に走らせているのは誰？ …… 24
- 2-2 新幹線という言葉にはどんな意味がある？ ……… 25
- 2-3 速度が遅くても新幹線と名乗っている理由は？ … 26
- 2-4 戦前の弾丸列車構想が新幹線の始まりだった …… 28
- 2-5 なぜ新幹線には踏切がないのか？ ………………… 30
- 2-6 日本の「大動脈」として新幹線の列車は走り回る … 32
- 2-7 新幹線の車両を見てみよう①～ JR東海 ………… 34
- 2-8 新幹線の車両を見てみよう②
～ JR西日本、JR九州 ………………………………… 37
- 2-9 新幹線の車両を見てみよう③
～ JR東日本、JR北海道 …………………………… 42
- 2-10 新幹線のルートは橋を架け、
トンネルを掘ってつくられる ………………………… 48
- COLUMN2 フル規格の新幹線に存在する2カ所の踏切 …… 50

第3章 駆動系の科学 ……………………………… 51
- 3-1 新幹線は強力なモーターで超高速走行を実現する … 52
- 3-2 どんなモーターが新幹線には使われている？ …… 53
- 3-3 車重を減らすシステムユニット構造とは？ ……… 54
- 3-4 誘導主電動機のトルクをコントロールする方法 … 56
- 3-5 モーターの回転力を車輪へ伝える仕組み ………… 58
- 3-6 走行と車体支持とを受けもつ台車の
いろいろな仕組み ……………………………………… 60
- 3-7 台車に取りつけられた乗り心地を
向上させる仕組み ……………………………………… 64
- 3-8 「ネコ耳」がある新幹線って？
新幹線の多彩なブレーキ ……………………………… 66
- COLUMN3 新幹線の開業以来採用され続けている
歯車形たわみ軸継手平行カルダン装置 ……………… 70

第4章 電力供給の科学 …………………………… 71
- 4-1 新幹線を超高速で走らせる大電力をどう供給する？ … 72
- 4-2 2種類の電源周波数に新幹線はどう対応したか？ …… 74
- 4-3 新幹線に電力を確実に供給する複雑な仕組み ……… 76

サイエンス・アイ新書

4-4	複雑に張られた架線にはちゃんと理由があった！ …… 78
4-5	空気抵抗を減らして、騒音を抑えるパンタグラフ …… 80
COLUMN4	電源周波数が頻繁に変わる北陸新幹線を E7・W7系はどう走っているのか？ …………………… 82

第5章 車体の科学 …… 83

- 5-1 新幹線の車体にはどんな性能が求められる？ …… 84
- 5-2 なぜ新幹線の先頭車両は流線型の部分が長いのか？ …… 86
- 5-3 なぜアルミニウム合金が新幹線の車体に使われる？ …… 88
- 5-4 遮音性や断熱性が高いダブルスキン構造とは？ …… 90
- 5-5 新幹線は気密構造で乗客を守っている！ …… 92
- 5-6 床下の機器類の搭載方法も進化している！ …… 94
- 5-7 超高速走行と引き替えに窓が小さくなるワケ …… 96
- 5-8 高速走行のために重心を下げる工夫とは？ …… 98
- 5-9 車体の振動を抑える車端ダンパ&車体間ダンパ …… 100

第6章 客室の科学 …… 101

- 6-1 リクライニングと回転とに対応する進化した腰掛 …… 102
- 6-2 座り心地がよくなり重量も軽くなっている腰掛 …… 104
- 6-3 3層構造の窓は飛び石にも耐えられる！ …… 106
- 6-4 停車駅やニュースを流す旅客案内情報装置の秘密 …… 108
- 6-5 車内の冷暖房や換気は気密を保ちながら行う …… 110
- 6-6 新幹線のトイレは旅客機と同じ真空吸引式が主流 …… 112
- 6-7 東海道新幹線のトンネルはなぜ携帯電話を使えるの？ …… 114

第7章 運転の科学 …… 115

- 7-1 新幹線の運転室にはどんな機器があるのか？ …… 116
- 7-2 なぜ線路際に信号機がないのか？ …… 118
- 7-3 3つのモニター装置にはどんな情報が表示される？ …… 120
- 7-4 30km/h以下のときはATCを解除して手動に …… 122
- 7-5 万が一の異常事態にはどうやって対応する？ …… 124

第8章 線路の科学 …… 127

- 8-1 ロングレールと伸縮継目の秘密 …… 128
- 8-2 新幹線の「道床」はなぜ2種類あるのか？ …… 130
- 8-3 どうして超高速で分岐できるのか？ …… 132
- 8-4 川や道路や線路を越えて新幹線を走らせる橋梁 …… 134
- 8-5 山をつらぬき海峡の下をくぐり抜けるトンネル …… 136
- 8-6 騒音を減らすために日夜研究が行われている！ …… 138

CONTENTS

第9章 安全の科学 ……………………… 141
- 9-1 乗客の安全を守る ATC（自動列車制御装置）とは? …………… 142
- 9-2 すべての新幹線を管理する CTC（列車集中制御装置）とは? ………… 144
- 9-3 場所は極秘の総合指令所とは? ……………… 146
- 9-4 列車無線装置は運転士と連絡するだけではない! … 150
- 9-5 黄色い車体で走り回る新幹線は何者なのか? …… 152
- 9-6 さまざまなメンテナンスで安全が確保される新幹線 …………… 154
- 9-7 新幹線の軌道はメンテナンスが欠かせない ……… 156
- 9-8 架線や電柱、トンネルや橋の点検も定期的に行われる …………… 158
- 9-9 天災による大きな被害を回避するための仕組み … 160

第10章 乗客サービスと運行 ……………… 163
- 10-1 自動改札機の利用状況は車掌にも伝えられる! …… 164
- 10-2 車掌も運転を担当!? 運転車掌と旅客専務車掌 …… 166
- 10-3 列車ダイヤはいまでも熟練の担当者が仕上げる … 168
- 10-4 ホッとひと息つける車内販売の意外な秘密 …… 172

第11章 海外・将来の高速鉄道 ……………… 173
- 11-1 ヨーロッパ版新幹線「TGV」「AVE」「ICE」 …… 174
- 11-2 台湾高速鉄道には日本の新幹線が駆け抜ける! …… 176
- 11-3 各国がしのぎを削る高速鉄道の売り込み合戦 …… 178
- 11-4 これから走り回る全国各地の新幹線とは? ……… 180
- 11-5 超電導リニアが走る中央新幹線とは? …………… 182
- 11-6 超電導リニアの車体と線路の仕組み ……………… 184

参考文献 ……………………… 190

第1章
N700系の科学

撮影：内田悦朗

1-1 N700系はなぜ300km/hもだせるのか?

　今日の新幹線を代表する車両の1つをN700系という。東海道・山陽・九州の各新幹線で使用されており、東海道新幹線の東京駅から九州新幹線の鹿児島中央駅までの間の1325.9km（実際の線路の長さ）にわたって、N700系の姿を見かけない区間はない。

　N700系の最高速度は300km/hである。ただし、この速度で走れるのは山陽新幹線（新大阪〜博多間）だけ。東海道新幹線（東京〜新大阪間）では285km/h、九州新幹線では260km/hだ。東海道新幹線に点在する半径2,500m以上のカーブの制限速度は275km/hで、直線区間で加速しても10km/h分増えるにとどまる。山陽新幹線や九州新幹線は基本的にカーブの半径が4,000m以上で建設されたため、300km/hで走行可能だ。ただし運転コストの面から、九州新幹線では260km/hに抑えられた。

　300km/hで走るため、N700系にはさまざまな工夫が採り入れられている。N700系にかぎらず、新幹線の車両はみな電車である。電車とはモーターによって走行する車両で、利用者を乗せるための客室を備えた車両を指す。モーターに必要な電力は、屋根上に取りつけられたパンタグラフを通じて架線から採り入れる。自動車や航空機のように燃料を搭載する必要がないため、そのぶん車両の重量が軽くなり、高速で走行しやすくなるのだ。

　N700系が搭載しているモーターの出力は1基あたり305kWである。16両編成を組むN700Aにはモーターつきの車両が14両あり、1両につき4基搭載しているから、16両編成での総出力は1万7,080kWだ。N700系の1つ前のモデルである700系（最高速度は

285km/h)は1万3,200kW（1基あたり275kW×4基×12両）だから、N700系は3割増しのパワーをもつ。そのうえ、N700系は車両の重量が700系とほぼ同じだ。16両編成のとき、700系の総重量は708tであるのに対し、N700系は700t。1tあたりの出力は、N700系が24.4kW、700系が約18.6kWである。

　加えてN700系には、高速で走行する際にもっとも問題となる、空気抵抗を減らすための工夫も目白押しだ。先頭形状は航空機の主翼を設計する際の手法を用いて開発され、車体の高さも700系よりも5cm低い3.6mとなった。先頭車の前部は、15cmも低い3.5mである。各所に突起があるとそれだけでも抵抗となるので、車体は極力なめらかにつくられている。車両と車両との間の連結部を覆っている全周ほろは、騒音を減らすだけでなく、300km/hで走るためにもおおいに役立っているのだ。

⚑ N700Aが東海道新幹線の静岡～掛川間を行く。東海道新幹線では2020年春以降、全列車がN700Aで運転されることになる

1-2 300km/hを実現する車体傾斜装置の秘密

　N700系はカーブを曲がるとき、興味深い動きを行う。それは、各車両に備えつけられた「**車体傾斜装置**」が作動し、車体をカーブの内側へ傾けるのである。

　車体傾斜装置はカーブを通過するスピードを上げるために採用された。正確にいうと、N700系が速度を落とさないでカーブに差しかかっても、**車内の人たちが不快な思いをせずに過ごせるように**と、考案された装置なのである。

　東海道新幹線はのちに開業した山陽新幹線とは異なり、駅と駅との間の線路に設けられたカーブがきつい。1-1で述べたとおり、半径4,000m以上という山陽新幹線に対して、東海道新幹線では半径2,500m以上である。

　実をいうと、東海道新幹線の直線区間の最高速度と同じ285km/hで半径2,500mのカーブをN700系以外の電車が走行しても脱線することはない。カーブでの最高速度はかなり大きな余裕をもたせて設定されているからだ。ところが、車内の人たちは強い遠心力を感じ、気分が悪くなったり、立っていればよろめいてしまう。

　強い遠心力をやわらげるため、新幹線の線路は「**カント**」といって、外側のレールを高くし、内側のレールを低くして、あたかもジェットコースターのような線路としている。東海道新幹線には最大で200mmのカントが設けられた（**14ページ**の図参照）。カーブの途中で停止した際に横風を受けたりすると危険なので、これ以上大きなカントを設置するのは難しい。

車体傾斜装置は車両側でカントを大きくするために考案された仕組みだ。N700系がカーブに差しかかると、すべての台車の左右に1基ずつ設けられて車体を支えている「空気ばね」のうち、カーブの外側に位置する空気ばねが大きくふくらみ、車体をおよそ

図 N700系の車体傾斜装置

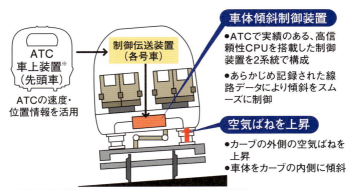

※自動列車制御装置（Automatic Train Control device）（142ページ参照）

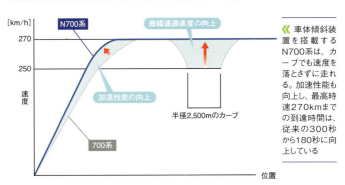

《 車体傾斜装置を搭載するN700系は、カーブでも速度を落とさずに走れる。加速性能も向上し、最高時速270kmまでの到達時間は、従来の300秒から180秒に向上している

1度、高さにして約50mmもち上げてしまう。もちろん、カーブが終わって直線となれば、ふくらんだ空気ばねはすぐにもとの状態に戻り、車体は水平な状態に保たれる。

これら一連の動作はすべて自動的に行われていく。車体傾斜装置をコントロールするのは、コンピューターでおなじみのCPU（Central Processing Unit）だ。CPUは**電車の位置と速度、そして空気ばねの状況という3つの情報を高速で演算し、車体が適切に傾くように命令信号を作成**する。この命令信号が空気ばねに圧縮空気を供給するタンクへと送られると、空気ばねがふくらむ。CPUによる演算から車体が実際に傾斜するまでの所要時間は10秒以内である。

空気ばねがふくらまなかったり、あるいはカーブの内側の空気ばねがふくらむというトラブルに備え、CPUをはじめとする電子機器は**2系統**設けられた。片方が故障して作動しなかったり、誤った命令信号を送った場合、もう1系統がすぐに作動して車体を傾けるのである。

図 カントとは

線路の中心から見ると
カーブの外側のレールは100mm上がり、
カーブの内側のレールは100mm下がっている

1-3 空気抵抗を減らして「速く静かに」走行する

　N700系は、環境にやさしい新幹線を前面に押しだして開発された。騒音や振動はスピードアップとともに増加する。このため、沿線の環境を悪化させないようにと、対策が施された。

　超高速で走行する新幹線の車両は、空気を切り裂くためにさまざまな音を発生させる。なかでも、トンネルを通過する際に車両自体が空気鉄砲の弾となって「ドン」という大きな音を立てる「トンネル微気圧波」は悩みの種だ。トンネル微気圧波をやわらげるには、前方方向の断面積を減らす。先頭部分を延ばすことが効果的だが、あまりに長いと先頭車に利用者を乗せられない。そこで、設計の際にコンピューターで解析し、複雑な形状の先頭部分が誕生した。N700系の先頭部分の長さは10.7mと、700系と比べて1.5mしか延びていない。

　また、車体の各所に突起や凹凸が存在すると、この部分が抵抗となって大きな空力音を発生させる。前述の全周ほろはもちろん、走行装置の台車もカバーを設けて騒音をシャットアウトした。

　屋根上のパンタグラフにも数々の環境対策が施されている。実は超高速で走行する新幹線の車両の空力音の多くは、パンタグラフから生じるものだ。N700系が備えている「く」の字型のシングルアームパンタグラフの下部は、流線型の風防カバーで覆われた。さらに、パンタグラフと車体との間に設けられた碍子を従来の4基から3基に減らし、いずれも空力音の低減に結びつけている。

　スピードアップを果たしながら従来同様、あるいはそれを下回る騒音、振動で走行する――。これがN700系なのである。

《 長さ10.7mの先頭部分は、エアロ・ダブルウイング形と呼ばれる

》 全周ほろと台車カバーとで、車体には大きな突起や凹凸は見られない

《 パンタグラフは16両編成中、2両に設置され、風防カバーで覆われた

1-4 増えたモーターがどんどん架線に電力を戻す

　鉄道車両の最高速度が上がれば、エネルギーを余計に消費する。モーターやエンジンといった動力装置の出力が向上し、「力行」といって動力装置を稼働させる時間が増えるからだ。しかし、現代社会ではエネルギーの浪費は許されず、N700系には省エネルギー対策が施された。2000年代はじめ、東海道新幹線の東京～新大阪間を走行したときに消費する電力量はだいたい1万8,200kWhと、一般家庭が消費する電力量の6年分に相当した。N700系はこの数値よりも大幅に少ない電力量で走ることができ、700系と比べて10%も電力消費量が減った。

　N700系の省エネ化は、おもに3つの要素から成り立っている。1つ目は、車体傾斜装置の導入でカーブ手前での減速と、通過後の加速が少なくなったことだ。2つ目は、空気抵抗を減らすための工夫が施されたことである。一部は前述したが、N700系の車体の幅は3.36m、高さは先頭車の前部で3.5m、そのほかが3.6mと、700系の幅3.38m、高さ3.65mと比べて小さい。さらに、全周ほろや台車カバーによって車体の表面を一体化、なめらかなものとしたことで、空気抵抗は700系より20%も減少した。

　最後の3つ目の要素はわかりにくいかもしれない。それは、16両編成のなかでモーターを搭載した車両を増やしたという工夫である。N700系は、16両中14両に1両あたり4基、合計56基のモーターを搭載した。これは700系の12両、48基よりも多い。

　実は、N700系にかぎらず、近年登場した電車は「電力回生ブレーキ装置」（66ページ参照）といって、超高速域から停車寸前ま

で、モーターを発電機として使用することでブレーキを作動させ、発電された電力を架線に戻す仕組みをもつ。このため、モーターが増えれば増えるほど発電量は増える。つまり、スピードアップで余計に電力を消費しても、止まるときにはその一部を取り戻せるのだ。

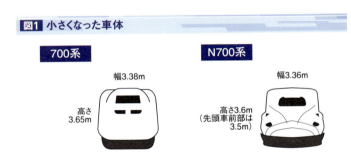

図1 小さくなった車体

700系
幅3.38m
高さ
3.65m
N700系
幅3.36m
高さ3.6m
（先頭車前部は
3.5m）

N700系の車体は700系と比べて、幅も高さもそれぞれ小さい。また、車体は小型化されても車内の空間が縮められていないのも、N700系の特徴の1つだ

図2 モーターの数が増えた

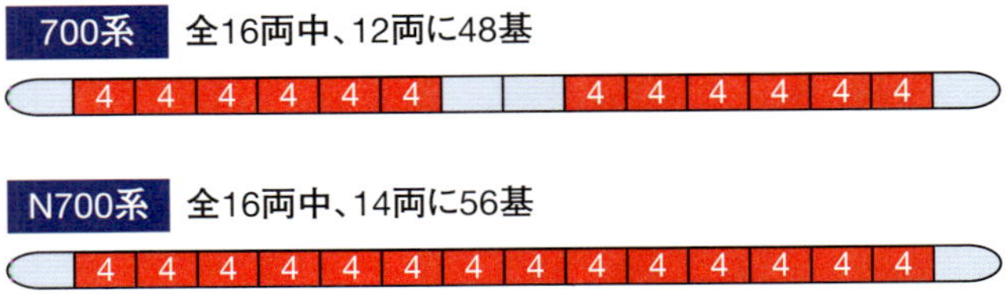

700系 全16両中、12両に48基
4 4 4 4 4 4 4 4 4 4 4 4
N700系 全16両中、14両に56基
4 4 4 4 4 4 4 4 4 4 4 4 4 4

700系と比べてN700系のモーターの数は16両編成で8基増えた。単純に計算すると、電力回生ブレーキを作動させたときの発電量は、約17%増加したといえる

1-5 バリアフリー化や防犯対策で人にやさしい新幹線に

　N700系の車内には、「新幹線あるいは鉄道の車両としては初めて」という設備が多く採り入れられた。いずれも21世紀初頭の社会情勢を反映したものとなっていて興味深い。

　普通車、グリーン車とも、N700Aの客室は禁煙化の流れにのっとってすべて禁煙となった。愛煙家には3、7、10、15号車に喫煙ルームが用意されている。喫煙ルームと禁煙となった車内とは完全に分離され、「強制排煙装置」をはじめ、JR東海が自社の研究施設で独自に開発した「光触媒脱臭装置」といった装置が導入された。また、喫煙ルームには独立した換気装置が設けられているため、タバコの煙や臭いが車内のほかの場所に広まることもない。タバコを嫌う人にとっても、愛煙家にとっても万全の対策が施されたといえるだろう。

　ところで、この喫煙室はN700系のうち、2005年4月にJR東海からひと足早く登場した量産先行試作車（16両編成×1編成）には採用されていない。強制排煙装置や光触媒脱臭装置の開発がまにあわなかったからだという。

　また昨今、バリアフリー化の要求は高く、車いすでの乗車に対応した11号車（普通車）の設備は、さらに高機能なものが採り入れられた。広々とした「多目的トイレ」には、自動ドアはもちろん、自動施錠方式のロックが、そして洋式便器の便座には、ふたが自動的に開閉する仕組みが備えつけられている。また、おむつ交換台や汚物流しも多目的トイレに設置され、赤ちゃん連れの親やストーマと呼ばれる人工肛門を使用している人などにも利用

⌃ 車内がすべて禁煙となったことにともなって設置された喫煙ルーム。出入口にはタッチ式の自動ドアが装備され、煙や臭いが車内のほかの場所に流出することはほぼない

写真提供：JR東海

⌃ 多目的トイレはあらゆる人にとっての使いやすさを追究した空間だ。車いすのままスムーズに出入りでき、しかも快適に用を足すことが可能となった

写真提供：JR東海

しやすい空間が確保された。

　セキュリティー面が強化されたのもN700系の特徴だ。すべての車両で、客室とデッキとの仕切りや扉の上、そして先頭や最後部の乗務員室の入口に「車内防犯用カメラ」が設置された。カメラの台数が多いため、乗務員や地上の担当者が撮影中の映像を随時チェックすることは難しいという。だが、乗務員は随時車内を見回っているから、車内防犯用カメラはセキュリティー上、とても有効だ。異常事態が発生した場合には即座に車内防犯用カメラの映像を確認し、問題の解決を容易なものとするに違いない。

　また、N700系は行先表示器や情報表示器のLEDの表示が大きくなり、加えてフルカラー化された。この結果、表示される情報量が増えるとともに見やすくなり、ますます利用しやすくなったといえる。

N700系の出入口付近に車内防犯用カメラが設置された。どのように運用されているのかについては公開されていないが、車内での犯罪防止に効果的であることは確かだ

COLUMN1
幻のN700系、16両の9000番台

　これまでもっとも多くつくられた新幹線の車両の系列は、東海道新幹線の開業時に用意された0系の3,216両であった。一方、第1章で紹介したN700系は、2019年4月1日現在、JR東海に2,016両、JR西日本に680両、JR九州に88両と、合計2,784両が在籍しているので、あと433両製造されれば0系を上回ることとなる。

　実をいうと、N700系として世に送り出された車両の数は2,784両ではない。さらに16両多い2,800両が製造されているのだ。

　その差となる16両は、N700系の9000番台という。2005年春にN700系としては最初につくられたグループで、16両編成を組んでいた。ところが、一度も営業列車に用いられることはなく、2019年2月25日に用途廃止、つまりは廃車となっている。この9000番台の16両は、その後に製造されたN700系とは異なる役割を担って登場した。その役割とは、量産に先立ってさまざまなテストを行うというものだ。N700系には新幹線の車両初の新機軸が多数搭載されている。そのため、JR東海は、まず1編成分だけ先につくって事前に走り込ませ、確認した後で量産しようとしたのだ。

　N700系9000番台が営業用に用いられなかった理由の1つは、喫煙ルームの開発がまにあわず、設置されていないことだ。だが、この程度なら後から取りつけられる。真の理由は、N700系が大量に製造された後も、新たな課題に取り組む必要が生じ、テストを行ったからだ。東海道新幹線で実現した270km/hから285km/hへのスピードアップも、9000番台が存在したからこそであろう。

　幻のN700系といえる9000番台にいまからでも「乗る」チャンスはある。JR東海が運営するリニア・鉄道館（愛知県名古屋市）で、16両のうち3両が2019年7月17日から展示されているからだ。3両とも車内を見学できるほか、飲食も可能だ。ぜひ一度、9000番台に会いに行ってはいかがであろうか。

第2章 新幹線の基礎知識

2-1 新幹線の列車を実際に走らせているのは誰?

　新幹線の列車を走らせているのは**JR東海、JR西日本、JR東日本、JR九州、JR北海道**の5社だ。JR東海は東海道新幹線、JR西日本は山陽、北陸新幹線、JR東日本は東北、上越、北陸新幹線、規格の異なる山形、秋田新幹線、JR九州は九州新幹線、JR北海道は北海道新幹線を所有し、列車の運行を受けもつ。

　新幹線はもともとJRの前身である**日本国有鉄道(国鉄)**によって計画が立てられ、建設されたものだ。国鉄は、1987年4月1日に民営化され、各地域ごとに点在するJR旅客会社6社と全国をカバーするJR貨物とに分割された。以降はJRの旅客会社が新幹線の列車を走らせ、新たに開業した新幹線も、該当する地域のJR旅客会社が運行を担当する決まりだ。国鉄時代からの経緯で、JR以外の私鉄や公営の鉄道は新幹線にかかわっていない。

⚠ 1987年4月1日に発足したJR東日本を祝う式典。当時の起点であった東北新幹線・上野駅で執り行われた

写真提供：時事通信社

2-2 新幹線という言葉にはどんな意味がある？

　2019年4月1日現在、全国には東海道、山陽、東北、上越、北陸、九州、北海道の各新幹線、そして規格が違うが、山形と秋田の両新幹線がある。これらの新幹線はすべて法律によって定義されており、そのほかの路線は新幹線と名乗ることができない。

　全国新幹線鉄道整備法第二条を見てみよう。この法律のいう新幹線鉄道とは、「その主たる区間を列車が二百キロメートル毎時以上の高速度で走行できる幹線鉄道をいう。」とある。第二条にあてはまる新幹線は山形新幹線、秋田新幹線を除く新幹線だ。

　いま取り上げた法律の第三条をまとめると、「幹線鉄道」とは、全国の中核都市を結ぶ鉄道路線でなくてはならないのだという。たとえば、東海道新幹線のように、東京、名古屋、大阪をはじめとする各中核都市を結ぶことが求められているのだ。従って、仮に大都市の都心部とベッドタウンとを結ぶ鉄道が、たまたま200km/hで運転されたとしても、これは新幹線とは呼ばれないこととなる。

表 法律による定義

全国新幹線鉄道整備法　第一章　第二条
この法律において「新幹線鉄道」とは、その主たる区間を列車が二百キロメートル毎時以上の高速度で走行できる幹線鉄道をいう。

全国新幹線鉄道整備法　附則第六項第一号
新幹線鉄道規格新線……その鉄道施設のうち国土交通省令で定める主要な構造物が新幹線鉄道に係る鉄道営業法(明治三十三年法律第六十五号)第一条の国土交通省令で定める規程に適合する鉄道

全国新幹線鉄道整備法　附則第六項第二号
新幹線鉄道直通線……既設の鉄道の路線と同一の路線にその鉄道線路が敷設される鉄道であって、その鉄道線路が新幹線鉄道の用に供されている鉄道線路に接続し、かつ、新幹線鉄道の列車が国土交通省令で定める速度で走行できる構造を有するもの

2-3 速度が遅くても新幹線と名乗っている理由は?

　山形、秋田両新幹線に乗ると「本当に新幹線なのか?」と疑問に思うことだろう。事実、これらの新幹線は在来線のレールの幅を広げるなど、最小限の改良を施しただけの路線で、200km/hどころか100km/hの速度で走る機会もあまりない。山形、秋田新幹線は2-2でいう新幹線ではなく、正確にはJRの在来線だ。山形新幹線は奥羽線、秋田新幹線は田沢湖線、奥羽線である。

　それでは山形、秋田両新幹線を新幹線と呼ぶことは間違っているのかというと、そうでもない。2-2でも登場した全国新幹線鉄道整備法をよく見ると、附則第六項第二号で「**新幹線鉄道直通線**」と定められており、れっきとした新幹線の仲間なのである。

　この呼び名からも想像できるとおり、新幹線鉄道直通線とは、JRの在来線ではあるものの、前項で紹介した**新幹線との乗り入れができる路線**を指す。200km/hで走行可能な新幹線を建設するには膨大な資金が必要だ。このため、あまり利用者が見込めない地域では新幹線を建設することは難しい。そこで、在来線を改良して、新幹線の列車を直通させることが考えられたのだ。

表 新幹線の分類

新幹線鉄道
東海道新幹線、山陽新幹線、東北新幹線、上越新幹線、北陸新幹線、九州新幹線、北海道新幹線

新幹線鉄道直通線
山形新幹線(正式な線名は奥羽線)、秋田新幹線(正式な線名は田沢湖線、奥羽線)

新幹線鉄道の例外	
博多南線 上越線の越後湯沢～ガーラ湯沢間	「主たる区間を列車が二百キロメートル毎時以上の高速度で走行」していない

⌃ 新幹線鉄道直通線は通称、ミニ新幹線と呼ばれる。その元祖となったのが、1992年7月1日に開業したJR東日本の山形新幹線だ

撮影：青木英夫

⌃ JR東日本の秋田新幹線は、1997年3月22日に開業を果たした。田沢湖線の大曲〜盛岡間と奥羽線の大曲〜秋田間とを通る新幹線鉄道直通線である

2-4 戦前の弾丸列車構想が新幹線の始まりだった

　新幹線の歴史は意外に古い。明治時代の昔から構想が立てられている。実際に計画が進められたのは、戦前の1938年のことである。東京と下関との間を最高速度200km/h、所要時間9時間50分で結ぶことを目的としたこの計画は、**弾丸列車構想**ともいう。このころ日中事変が勃発して、在来線の東海道、山陽両本線には多数の列車が増発され、輸送力が限界に近づいた。そこで新幹線を建設して輸送力の増強を図ろうと考えたのである。

　このとき決められた車両の寸法や線路の規格は、今日の新幹線とほぼ同じだった。ただし、貨物列車の運転も予定されていた点が異なる。建設工事は1941年に始まり、現在の東海道新幹線の新丹那、日本坂の両トンネルはこのときに掘られ、新横浜～小田原間、熱海～三島間、三河安城～名古屋間の一部の用地も取得された。しかし、戦争が激しくなり、1944年になって残念ながらこの計画は打ち切られてしまう。

　戦後、東海道本線の輸送力が限界に近づいたため、1955年以降に**東海道新幹線**を建設することとなり、1964年10月1日に開業する。新幹線が開業してみるととても便利で利用者が押し寄せ、やがて「新幹線を全国に」という声が高まった。この結果、国鉄は山陽、東北、上越の各新幹線を開業させている。さらに、政府は**全国新幹線鉄道整備法**という法律を制定し、**整備新幹線**という名で全国に新幹線網を構築することとした。東北新幹線の盛岡～新青森間、北陸、九州、北海道の各新幹線はこの法律にもとづいて開業した新幹線だ。

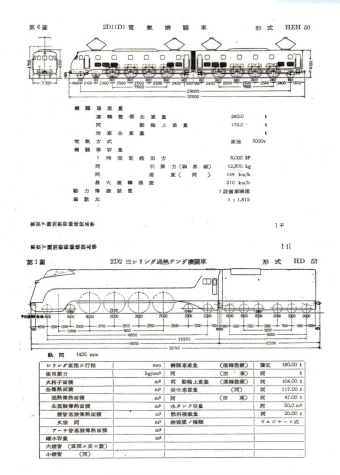

> ⚠ 弾丸列車構想によると、超高速列車は機関車が客車を引く形態と想定されていた。上の「HEH50形直流電気機関車」は東京〜静岡間の電化区間を、下の「HD53形蒸気機関車」は静岡〜下関間の非電化区間を、それぞれ担当する予定だったといわれている

出典:『新幹線例規』(鉄道省、1942年)

2-5 なぜ新幹線には踏切がないのか?

　新幹線は200km/hを超えるスピードで列車が走るという特徴をもつ。このため、線路がJRの在来線や私鉄とは異なっている。

　1つは、スピードをだせるよう、線路のカーブや勾配がきわめて緩くなっているという点だ。新幹線のカーブは半径2,500mまたは4,000mを基本につくられた。在来線や私鉄では半径400mのカーブもめずらしくないが、新幹線の場合はその何倍も緩い。半径4,000mのカーブは、ほとんど直線と同じように感じられ、東北新幹線の「はやぶさ」「こまち」は最高速度320km/hで走行している。

　一方、新幹線の勾配は、おおむね1,000m進むごとに20mの高低差がつく20‰（パーミル：千分率。1,000分の1を1とする単位）以内が多い。近年は車両の性能が向上したために35‰の勾配も九州新幹線で見ることができるが、短い距離にかぎられている。在来線や私鉄の急勾配区間は新幹線と比べて距離が長いから、列車のスピードは落ちてしまう。

　もう1つ忘れてはならないのは、新幹線では営業列車が走る線路に踏切が1カ所もないという点である。いうまでもなく、超高速で走っている列車に人や車が衝突するといった踏切事故が起きては大変だからだ。

　在来線や私鉄では、踏切を渡るときに線路に立ち入っても特に罰せられないが、新幹線の線路に侵入すると懲役刑や高額な罰金刑が待っている。この法律は「新幹線鉄道における列車運行の安全を妨げる行為の処罰に関する特例法」という。こうした法律をもつのも、新幹線ならではの特徴だ。

新幹線の基礎知識　第2章

図 新幹線のカーブと勾配

カーブの半径

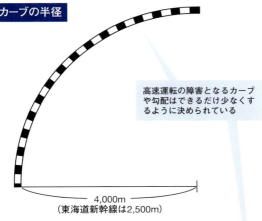

4,000m
（東海道新幹線は2,500m）

カーブの半径が4,000mと緩い東北新幹線では最高速度320km/hで車両が走行できる

高速運転の障害となるカーブや勾配はできるだけ少なくするように決められている

勾配

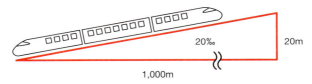

20‰　20m　1,000m

新幹線の勾配は、この図のように20‰以内が多い

2-6 日本の「大動脈」として新幹線の列車は走り回る

　2019年4月現在、全国には右図のように、東海道、山陽、九州、東北、上越、北陸、北海道の各新幹線があり、総延長は2997.1kmに達している。これは、北海道全域に路線網をもつJR北海道の営業キロ、2535.9kmよりも長い。さらに、新幹線に直通する路線として、山形、秋田の両新幹線があり、こちらの総延長は275.9kmである。

　これらの新幹線のほかにも、ただいま各地で新幹線が建設中だ。北陸新幹線の金沢〜敦賀間は、2023年春ごろの開業を目指して建設工事が進められているし、北海道新幹線の新函館北斗〜札幌間は2031年春ごろ、九州新幹線の西九州ルートである武雄温泉〜長崎間は2022年ごろに、それぞれ開業する見込みだという。さらに、開業時期は未定ながら、北陸新幹線の敦賀〜新大阪間では建設工事の着手に向けて準備が進められている。

《 開業に向けて建設工事が進められている九州新幹線の西九州ルート。写真は、佐賀県嬉野(うれしの)市内で2015年9月に撮影したものである

新幹線の基礎知識 第2章

図 全国の新幹線の開業区間、開業予定区間

2-7 新幹線の車両を見てみよう 1 〜 JR東海

　営業用に用いられる新幹線の車両は、JR東海、JR西日本、JR東日本、JR九州、JR北海道の5社が所有している。これらはすべて電車だ。架線を流れる電気によってモーターを駆動して走り、車体には旅客を乗せるための空間が用意されている。

　東海道新幹線を所有するJR東海は「700系」、そして「N700系」と2種類の車両をもつ。すべて16両編成を組み、700系は各駅停車の「こだま」を中心にほぼ東海道新幹線内で、N700系は最速の「のぞみ」、主要駅に停車の「ひかり」、さらには「こだま」と幅広く用いられ、山陽新幹線にも乗り入れる。

　700系は1999年3月に登場した車両で、1992年にデビューした初代「のぞみ」用300系の改良版だ。最高速度は300系の270km/hから285km/h（山陽新幹線内。東海道新幹線では270km/h）へとアップし、車内も空気調和装置の利きがよくなるなど快適度が増している。省エネルギー性や騒音・振動の低減にも配慮され、動物のカモノハシを思わせる先頭形状となった。2019年4月1日の時点で6編成の96両（16×6）がJR東海に在籍しており、2020年3月までにはすべて引退する予定だ

　JR東海が所有するN700系はすべて改良版のN700Aだ。カーブに近づくと車体を傾斜させるという特徴はそのままに、さらなる改良を加えて2013年2月にデビューした。N700Aはコンピューターを用いて一定の速度で走り続けられる機能が追加され、非常時に用いるブレーキが強化されて、大地震発生時の急停止に備えている。

モーターを制御するための主変換装置を自然の風で冷却して、小型軽量化と省エネルギー化を実現し、台車やパンタグラフの異常をいち早く発見するための検知システムも導入された。

　2019年4月1日現在、JR東海のN700Aは16両編成126編成の2016両（16×126）が活躍中だ。なお、N700Aには2種類があり、**最初からN700Aとして製造されたものと、N700系から改造されたもの**とがある。内訳は、N700Aとして製造された車両が16両編成46編成の736両（16×46）で、N700系から改造された車両が16両編成80編成の1280両（16×80）だ。JR東海はN700Aをさらに16両編成5編成の80両（16×5）投入するとのことで、合計で16両編成131編成の2096両（16×131）となる。

⌃ 700系は「のぞみ」「ひかり」「こだま」と、東海道新幹線のすべての列車で活躍していたが、N700Aに置き換えられる

撮影：里見光一

⌃ N700Aのうち、N700系から改造された車両。最初からN700Aとして製造された車両との最も簡単な区別の方法は、車体側面の「N700A」というロゴを見ることだ。改造版は「A」が「N700」よりも小さい

⌃ N700Aのうち、最初からN700Aとして製造された車両。車体側面の「N700A」のロゴを見ると、「A」が「N700」よりも大きく描かれている

新幹線の基礎知識 第2章

2-8 新幹線の車両を見てみよう 2 〜 JR西日本、JR九州

　JR西日本の山陽新幹線とJR九州の九州新幹線とは博多駅で結ばれ、両社の車両はお互いに直通運転しながら忙しく行き交う。JR西日本は「500系」「700系」「N700系」「W7系」を、JR九州は「800系」「N700系」をそれぞれ所有して営業に用いている。

　500系は戦闘機のような先頭形状と、円形の断面をもつ。1997年3月に営業を開始したときは、新幹線の車両として300km/hの最高速度を初めて達成した車両として知られたものの、「のぞみ」から撤退して久しい。2019年4月1日現在、8両編成8編成の64両が「こだま」と博多南線の特急とで活躍を続けている。

　700系には2つのグループがある。1つはJR東海とほぼ同じもの。3000番台として区別され、16両編成8編成の128両が、主に東海道新幹線の「こだま」として駆け回る。JR東海の700系同様に2020年3月までにはすべて引退となるという。

　もう1つは山陽新幹線の「ひかり」に用いられる7000番台だ。「ひかりレールスター」という愛称がつけられ、山陽新幹線の「ひかり」「こだま」用として8両編成16編成、128両が活躍している。

　N700系も2種類を見ることが可能だ。1つはN700Aで、JR東海のN700Aとまったく同じバージョンである。16両編成33編成の528両が投入された。もとからN700Aとして製造された分は16編成の256両で、N700系から改造された分は17編成の272両に上る。

　もう1つは九州新幹線乗り入れ用の7000番台だ。先頭車を含めたすべての車両にモーターが搭載されており、九州新幹線内の

⌃ JR西日本の500系。16両編成で製造されたが、いまは8両編成に縮められ、主に山陽新幹線の「こだま」として用いられている

⌃ JR西日本の700系7000番台は「ひかりレールスター」という愛称をもつ。新幹線の車両としては唯一個室をもち、普通車指定席の4人用個室が4室設けられている

撮影：里見光一

新幹線の基礎知識　第2章

急勾配区間に備えている。最速の「みずほ」、主要駅停車の「さくら」を中心に、山陽新幹線の「ひかり」「こだま」、九州新幹線内の各駅に停車する「つばめ」でも活躍ぶりを見ることができる。2011年3月にデビューを果たし、8両編成19編成、152両が製造された。

　N700系7000番台のJR九州版は8000番台という。両者の相違点はほとんどない。やはり2011年3月に登場し、2019年4月1日現在で11編成の88両が7000番台と同じように用いられている。

　W7系は北陸新幹線で使用されている車両だ。東京〜金沢間を結ぶ最速の「かがやき」、主要駅に停車の「はくたか」をはじめ、東京〜長野間の「あさま」、富山〜金沢間の「つるぎ」として営業を行っている。車両のあらましはJR東日本のE7系とほぼ変わりはないので、同社の項（2-9）で紹介しよう。12両編成11編成の132両が製造された。

　800系は系列名からN700系よりも新しいように思えるが、2004年3月の登場とこちらのほうが先だ。700系をベースに開発されたが、先頭部分や車内のデザインは異なり、同じ仲間には見えない。6両編成8編成、48両が九州新幹線の「さくら」や「つばめ」として走り回っている。

⚑ JR西日本のN700A。写真はN700系として製造され、後にN700Aに改造されたもの。JR東海のN700Aとの区別は、前面の窓に記されたアルファベットの記号でわかる。JR西日本のN700Aであれば「K」で、最初からN700Aとして製造されたものは「N」だ

⌃ 800系は勾配の多い九州新幹線を走るため、700系とは異なり、先頭車も電動車となった。車内は九州の特産品を用いて和風にまとめられている

⌃ N700系の7000・8000番台は、山陽新幹線と九州新幹線とを直通する列車を中心に使用されている。写真はJR西日本の7000番台で、JR九州の8000番台とほぼ同じといってよい

写真提供：JR西日本

新幹線の基礎知識　第2章

⚐ JR西日本は、500系にさまざまな意匠を施して走らせている。2019年7月現在で最新のデザインは「ハローキティ新幹線」。車体だけでなく一部の車内もハローキティにちなんだ意匠となり、展示スペースも設けられた

⚐ 北陸新幹線で使用されているW7系。JR東日本のE7系とほぼ同じである。JR西日本の新幹線車両でありながら、山陽新幹線用とは仕様が大きく異なる

2-9 新幹線の車両を見てみよう 3 〜 JR東日本、JR北海道

　東北、上越、北陸、山形、秋田の各新幹線を展開しているJR東日本では「E2系」「E3系」「E4系」「E5系」「E6系」「E7系」の6系列が営業に就く。一方、北海道新幹線の営業を担うJR北海道は「H5系」を走らせている。

　E2系は1995年に誕生した系列で、10両編成を組み、東北新幹線と上越新幹線とで活躍中だ。登場当初は普通車の客室窓が「座席1列につき1枚」（小窓版）だったが、2002年12月2日の東北新幹線・盛岡〜八戸間の開業に合わせて製造された分から、「座席2列につき1枚」（大窓版）に変更された。

　2019年3月31日現在、東北新幹線には13編成（大窓版）の130両が、上越新幹線には2編成（小窓版）の20両、11編成（大窓版）の110両で計13編成の130両、合わせて26編成の260両が活躍中だ。最高速度は各新幹線の仕様に左右され、東北新幹線では275km/h、上越新幹線では240km/hである。

　E3系はE2系と同時に誕生し、こちらは新幹線直通線を走ることができる。当初は秋田新幹線「こまち」用がつくられ、その後、1000番台、そして2000番台を名乗る「つばさ」用も製造された。「こまち」用は6両編成2編成、12両が在籍しているが、いまは東北新幹線用で、「こまち」には使用されていない。「つばさ」用は7両編成15編成、105両が活躍を続けている。

　なお、「こまち」用からは、ほかに山形新幹線の「とれいゆ」、上越新幹線の「現美新幹線」と、2種類の観光列車向けに改造されたものも現れた。1編成ずつが在籍し、どちらも700番台を名乗る。

新幹線の基礎知識 第2章

⌃ 東北新幹線と北陸新幹線の主力E2系。写真は1000番台で、普通車の窓が座席2列分と大きい点が特徴だ

撮影：里見光一

⌃ 山形新幹線「つばさ」。山形新幹線の「つばさ」用として製造されたE3系1000・2000番台（写真は2000番台）。東京〜新庄間を結び、東京〜福島間ではE2系と連結して運転される

以上を合わせたE3系の両数は129両だ。

　E4系は、通勤、通学にも用いられるよう、すべての車両を2階建てとして座席数を増やした車両である。8両編成を組み、1編成単独で、または2編成を連結して16両編成で用いられるのが特徴だ。20編成、160両が上越新幹線の「Maxとき」「Maxたにがわ」として使用されている。

　E5系は2011年3月に登場した車両で、320km/hと日本で最も速く走る車両の1つだ。東北新幹線のカーブは半径4,000mが基本ながら、320km/hで通過すると遠心力が強くなるので、車体傾斜装置が搭載された。また、3-7で紹介する**フルアクティブサスペンション**がすべての車両に採用されて、乗り心地を損なわない工夫がなされている。騒音や振動を防ぐため、先頭部分は15mと長くなり、パンタグラフも10両編成で1基だけとなった。

　車内の設備もグレードアップが図られ、女性専用のトイレ・洗面所が設置されたことも目新しい。さらに、グリーン車よりもさらに豪華なグランクラスが設けられ、通路をはさんで1人がけの腰掛と2人がけの腰掛とが並べられたほか、**専任のアテンダントによるサービスも提供される。**

　E5系は10両編成43編成の430両が在籍し、東北・北海道新幹線の「はやぶさ」を中心に活躍中だ。なお、JR北海道にはE5系とほぼ同一の**H5系**が10両編成4編成の40両が在籍（2019年4月1日現在）し、やはり「はやぶさ」を中心に用いられている。

　E6系は秋田新幹線の「こまち」用として2013年3月に登場した。東京～盛岡間でE5系と連結して走るため、320km/hで走行できるよう、車体傾斜装置やフルアクティブサスペンションが7両編成の全車両に装着された。24編成、168両が在籍している。

⌃「Maxたにがわ」(新塗装)。E4系は、新幹線ではただ1つの2階建て車両だ。上越新幹線で使用され、巨大な輸送力を活かし、朝の高崎駅から東京駅方面への通勤輸送に威力を発揮している

⌃E5系「はやぶさ」。E5系はE6系とともに日本最速の320km/hで走行することができ、東京〜新函館北斗間を結ぶ「はやぶさ」の大宮〜盛岡間で体験できる

E7系は2015年3月に北陸新幹線の長野〜金沢間が開業するのを機に開発された。架線を流れる電力の電源周波数が50Hzと60Hzとのどちらでも走行できるような仕組みをもつ。E5系と同じくグランクラスを備えている。

　なお、北陸新幹線の最高速度は260km/hなので、車体傾斜装置は採用せず、フルアクティブサスペンションはグランクラスの車両だけ、ほかの車両はセミアクティブサスペンションとなった。12両編成19編成の228両が東京〜金沢間を往復するほか、2019年からは上越新幹線向けにも投入されて、12両編成3編成の36両が用いられている。

　W7系はE7系のJR西日本版といってよい。もちろんこちらも北陸新幹線用で、2-9で記したとおり、12両編成11編成の132両（2019年4月1日現在）が東京〜金沢間を忙しく往復している。

E6系「こまち」。E6系は秋田新幹線の「こまち」に用いられ、東京〜秋田間を結ぶ。東京〜盛岡間ではE5系と連結して運転され、一部の区間では320km/hで走行する

⌃ E7系「かがやき」。北陸新幹線向けにつくられたE7系は今後、上越新幹線にも次々に投入されるという。W7系もほぼ同じ仕様をもつ

⌃ JR北海道のH5系は、「E5と同一」といってよいほど酷似している。ただし、車体側面に描かれたマークがE5系の「はやぶさ」とは異なり、H5系では北海道の形をイメージしたものとなった

2-10 新幹線のルートは橋を架け、トンネルを掘ってつくられる

　新幹線は、建設に巨額の資金を要する乗り物だ。従って、新幹線は多くの利用者が乗車することで真価を発揮する。

　東海道新幹線、山陽新幹線、東北新幹線の東京～盛岡間、上越新幹線は、在来線の線路が列車でいっぱいになり、これ以上の増発が困難になってしまったために建設された。

　一方、東北新幹線の盛岡～新青森間、北陸新幹線、九州新幹線、北海道新幹線は、全国新幹線鉄道整備法という1970年6月18日に施行された法律にもとづいて建設されている。山形、秋田の両新幹線も同法にリストアップされた新幹線だが、建設費を節約するために在来線を改良して誕生したという経緯をもつ。

　現代の新幹線の建設工事は、基本的に鉄道建設・運輸施設整備支援機構（鉄道・運輸機構）が担当する。建設にあたり、地盤調査の結果にもとづいてルートを決め、駅も利用者にとって便利で、なおかつ多くの利用が見込めそうな場所に置く。

　ルートが決まれば地主と交渉して用地を取得し、建設工事に取りかかる。新幹線鉄道の線路には踏切を設置しないから、道路を「**架道橋**」でまたいだり、線路をまたぐ「**跨線橋**」をくぐっていく。このため、線路は「**盛土**」といって築堤か、用地を掘り下げた切り取りを通ることとなる。都市部では「**高架橋**」の上を通っていくケースも多い。

　できるかぎり最短のルートが選ばれるから、山にぶつかれば**トンネル**を掘り、川があれば**橋**を架けて渡す。工事の条件にもよるが、着工から完成までには10年ほどかかる。

新幹線の基礎知識 第2章

⌃ 東北新幹線の七戸十和田〜新青森間で建設されていた当時の「細越トンネル」。トンネルの長さは2,980mだ

⌃ 同じく七戸十和田〜新青森間で建設されていたころの「三内丸山架道橋」。「エクストラドーズド橋」といって、桁をケーブルによって補強する構造をもつ。橋の延長は450mだ

COLUMN2
フル規格の新幹線に存在する2カ所の踏切

　新幹線には営業列車が走る線路に踏切は存在しないと2-5に記した。しかし、これはフル規格の新幹線にかぎっての話で、山形新幹線や秋田新幹線の列車が走る新幹線鉄道直通線では、多数の踏切が設けられている。新幹線鉄道直通線は在来線を改良した区間なので、建設に時間も費用も要する立体交差化は見送られてしまったのだ。

　ところで、フル規格の新幹線のなかにも踏切は存在する。山陽新幹線の西明石駅と姫路駅との間に2カ所ある横田西踏切、牛堂前踏切だ。となると、「2-5は間違っているではないか」と考える方も多いかもしれない。

　しかし、この山陽新幹線の2カ所の踏切は、新幹線の軌道や電力設備などのメンテナンス作業を行う工事用の機械が通る線路にある。営業列車が走る高架橋と地上とを行き来する途中に、道路との交差が2カ所あるため、フル規格の新幹線ではめずらしい踏切が誕生したのだ。

　工事用の機械が通るだけとはいえ、新幹線の線路だけに厳重に守られている。営業列車が走る高架橋へと向かう線路は柵でしっかりと囲われていて、踏切から営業列車が走る線路へと立ち入ることはできない。

≪ 山陽新幹線の横田西踏切を見たところ。上に見える山陽新幹線の高架橋へと向かう途中に設けられた。牛堂前踏切も横田西踏切のすぐ近くにある

第3章 駆動系の科学

3-1 新幹線は強力なモーターで超高速走行を実現する

　新幹線は200km/hを超える速度で走る。従って、車両を走らせるための動力装置や、止めるためのブレーキ装置は、超高速に対応した性能をもっていなければならない。

　超高速をだして走るには、まず強力な「**モーター**」が必要だ。最初に登場した0系新幹線電車は、最高速度が210km/hと在来線の電車のおよそ2倍となったため、モーターの出力も同様に約2倍の185kWに強化された。しかし、速く走ることができても、ブレーキ力が弱ければ安全に走ることはできない。このため、新幹線の電車には**発電ブレーキ**といって、モーターを発電機とすることで生じる抵抗を用いて止めるブレーキが採用されている。

　0系新幹線電車には1両あたり4基のモーターが搭載され、すべての車両についていた。これは超高速で走行するため、そして超高速から停止するための工夫だ。いまでも新幹線の電車には、1編成の半数以上の車両にモーターが搭載されている。

《 JR九州800系の台車に取りつけられている誘導主電動機。技術革新により、275kWの出力をもちながら、大きさは在来線用のモーターとあまり変わらない

駆動系の科学 第3章

3-2 どんなモーターが新幹線には使われている?

　新幹線の電車のモーターには2種類ある。「<u>直流主電動機</u>」「<u>誘導主電動機</u>」だ。直流主電動機は直流で動く。このモーターは速度が遅いときには大きな力がでて、負荷が減れば回転力が増してスピードをだしやすい。従って、モーターに供給する電圧を変化させて電車を容易に運転でき、多くの鉄道車両に使われてきた。しかし、モーター自体が大きく重くなってしまうことと、メンテナンスの手間がかかるのが欠点だ。そのため、いまは新幹線の車両では見られなくなった。

　誘導主電動機は「<u>三相交流</u>」で作動する。こちらは小型で軽く、メンテナンスも楽、しかも高速で回転させても発熱しにくいため、まさに新幹線向けのモーターだ。ところが、速度に応じて力をだすことが難しく、電圧だけでなく周波数も制御しなければならない。そのため、かつては実用化が難しいといわれていたが、半導体と組み合わせることでコントロール可能となった。

図 三相交流とは?

　3系統の単相交流電流を組み合わせたもの。位相をそれぞれ120°ずつずらしている。現在の新幹線の車両のモーターはすべて誘導主電動機だ

3-3 車重を減らすシステムユニット構造とは？

新幹線は新幹線鉄道、新幹線鉄道直通線ともすべて交流で電化されている。このため、用いられている電車は、架線から取り入れた交流によって走行する交流電車だ。

車両が走行するためのメカニズムには2種類ある。交流をいったん直流に変え、そのまま直流主電動機を動かすか、または直流から三相交流に変えて、誘導主電動機を動かして走るかだ。

どちらの種類のモーターを動かすにしろ、車両には**主変圧器**といって、交流2万5,000Vを交流1,500V程度に落とす変圧器が必要となる。この機器はおよそ5tほどととても重く、また大きい。このほかにも、交流を直流に変える**主整流器**、または**主変換装置**といって交流を直流へと変え、さらに交換して三相交流を供給する機器など、さまざまな装置が必要となる。それだけではない。車内で用いる電力をつくる**補助電源装置**や、空気ブレーキ装置

図 ユニット構造とは？

非ユニット構造

主変圧器 主変換装置	主変圧器 主変換装置	主変圧器 主変換装置	主変圧器 主変換装置

重い

⚠ 非ユニット構造では、それぞれの車両に重い主変圧器が搭載されるので、超高速走行の妨げとなってしまう

や台車の空気ばねが必要とする圧縮空気を生みだす**電動空気圧縮機**といった機器も搭載しなければならない。

　これらの機器を各車両にすべて搭載していると重くなるし、現実的に機器を床下に収めることは無理だ。そこで、**ユニット構造**といって、2両から4両の車両をひとまとめにして、車両ごとに機器を分散して積むシステムが採り入れられた。500系、700系、N700系で採用されている4両ユニットの場合、もっとも重い主変圧器は1両にまとめられ、主変換装置は主変圧器を搭載していない車両に1基または2基搭載されている。ユニット構造は新幹線以外の電車でも一般的だ。たいていは2両を1組としており、3両または4両を1組とする例は新幹線ではよく見られるものの、在来線などではめずらしい。

　新幹線の電車はすべてユニット構造が採用された。500系、700系、N700系は4両、800系は3両、E2系やE3系は2両または3両、E4系は4両、E5・H5系は2両または3両、E6系は3両または4両、E7・W7系は2両または3両でそれぞれユニットを組む。

⌃ ユニット構造ではもっとも重い主変圧器が1両にまとめられ、各車両は軽くなる。そのため超高速走行が可能となる

3-4 誘導主電動機のトルクをコントロールする方法

　現在、すべての新幹線の車両は誘導主電動機を備えている。誘導主電動機は直流主電動機と比べると小型、軽量で、しかも高速回転も得意とする。また、モーター内に接触部分となるブラシがないので摩耗が生じず、メンテナンスの手間は格段に容易なものとなった。

　ただし、誘導主電動機のトルクをコントロールするには、電圧を変えるだけでなく、**周波数**も変えなければならない。かつては電圧と周波数とを同時に制御することはきわめて難しかったために、なかなか実用化されなかったのだが、半導体技術の進歩によって可能となったのだ。

　新幹線の車両の場合、誘導主電動機のトルクをコントロールす

図 誘導主電動機のトルクコントロールの仕組み

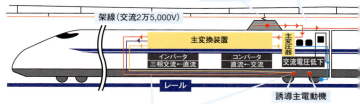

るには**主変換装置**が用いられる。主変換装置は、**主変圧器**によって1,500Vほどに下げられた交流の電力を取り込み、半導体（コンバータ）を用いてまずは直流へと変換してしまう。続いて、この直流を別の半導体（インバータ）を用いて、誘導主電動機を駆動するために必要な三相交流へと変えていく。その際、誘導主電動機が必要としている速度や力に応じて、自由自在に周波数と電圧とを組み合わせて、出力することができる。

　このような制御の方法を、**VVVFインバータ**（Variable Voltage Variable Frequency inverter）**制御**という。主電動機に効率よく電力を供給することができるため、少ない力できびきびと加速できるようになった。

　VVVFインバータ制御は、いまや交流で走る新幹線の車両だけではなく、直流で走る在来線や民鉄（私鉄）の電車でも広く使われるようになった。

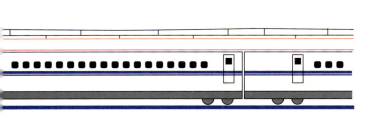

3-5 モーターの回転力を車輪へ伝える仕組み

　新幹線のモーターは台車に搭載された。モーターの回転力は主電動機軸から出力され、ここに取りつけられた小歯車と、車軸の大歯車とがかみ合って、車輪へと動力が伝えられる。

　主電動機軸と車軸とをたんに歯車で結びつけただけでは、なにかと都合が悪い。車軸にはレールからの振動が伝わり、走行中に大きく揺れてしまう。モーターは揺れていないので、振動が激しくなると、小さい歯車と大きい歯車とが外れてしまったり、最悪の場合は主電動機軸が折れてしまう危険性も高まるからだ。

　そこで、主電動機軸の途中に、歯車を組み合わせた**自在継手**を設ける仕組みが採用された。

　主電動機軸は2つに分けられ、両端に歯車が取りつけられている。歯車の外側を覆うように円筒のような形状をもつ「**歯車形たわみ軸継手**」が装着され、主電動機軸の歯車とかみ合う。この継手の車軸と結びついている側はある程度自由に動き、車軸から生じる振動をここで吸収してしまうのだ。

　このおかげで主電動機は車軸へと出力を伝え続けることができ、なおかつ揺れにも影響されない。こうした継手をもつ伝達装置全体を「**歯車形たわみ軸継手平行カルダン装置**」という。

　歯車形たわみ軸継手カルダン装置は、新幹線電車の始祖である0系から採用され、いまも使われている。しかし、走行中にモーターが回転を止めると騒音が目立つ。そこで、半球形のディスクどうしで結びつける「**平板形たわみ軸継手**」が開発され、グリーン車などを中心に採用されている。

駆動系の科学　第3章

図 歯車形たわみ軸継手の構造

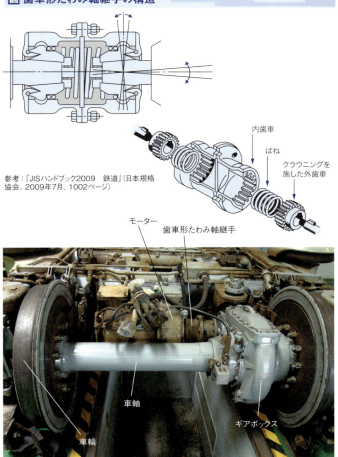

参考:『JISハンドブック2009　鉄道』(日本規格協会、2009年7月、1002ページ)

内歯車
ばね
クラウニングを施した外歯車

モーター
歯車形たわみ軸継手
車軸
車輪
ギアボックス

⌃ JR九州の800系に搭載された歯車形たわみ軸継手平行カルダン装置。モーターと大小の歯車を収めたギアボックスとの間に、歯車形たわみ軸継手が見える

3-6 走行と車体支持とを受けもつ台車のいろいろな仕組み

　新幹線の車両は金属の車輪を用いてレールの上を走行する。すべての車両は2基の「台車」を履く。台車とは、左右の車輪を1本の車軸で結んだ「輪軸」を前後に2つ並べ、「台車枠」と呼ばれる金属製の枠で固定したものだ。車両の走行を受けもつと同時に、車体を支え、車両のなかでもっとも大切な装置である。

　台車のなかでなによりも重要な部分は輪軸だ。鉄と炭素との合金である炭素鋼でつくられ、強度を高めるために焼き入れ加工も施される。とはいえ、輪軸の軽量化はスピードアップや省エネに直結するので、近年登場した車両の車軸は、重い二階建て車両を除き、中心部に穴があいた「中ぐり軸」が導入されている。

　輪軸はレールから振動が伝わる場所だ。この振動は乗り心地を損ね、車両の安定走行も妨げる。そこで、輪軸と台車枠との間には、振動をやわらげるための「軸ばね」が設けられている。さらに、輪軸の端を支える軸受を収めた「軸箱」の支え方に工夫が施され、軸箱だけをスムーズに上下動させる仕組みが採用された。

　軸箱の支え方は3つある。台車枠から伸びた板状のばねによる「片板ばね式軸箱支持」(E2系〜E7系、H5系、W7系)、台車枠から伸びた梁による「軸ばり式軸箱支持」(500系、JR西日本の700系、800系)、軸箱の前後に2組設けられた軸ばねの内側に置かれた円筒形のゴムによる「円筒案内式軸箱支持」(JR東海の700系、N700系)だ。軸箱の支え方は、軸箱の前後に設けられた水平板ばねによる両板ばね式軸箱支持から始まり、各社で異なる方式へと発展してきた。

駆動系の科学 第3章

⌃ 輪軸は新幹線の車両のなかで、もっともデリケートな部品だ。写真はJR九州の800系のもの。車輪と車軸とが組み合わされたものが輪軸だ

⌃ JR東海のN700系の軸箱。軸箱の両側にコイルばねの軸ばねが設けられ、この内側に円筒形のゴムが収められている

図 片板ばね式軸箱支持　　　E2系〜E7系、H5系、W7系

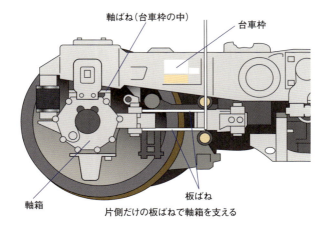

片側だけの板ばねで軸箱を支える

図 軸ばり式軸箱支持　　　500系、JR西日本の700系、800系

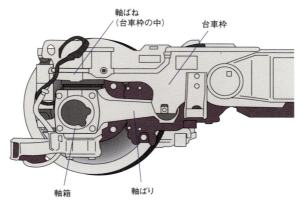

台車枠から伸びた軸ばりで軸箱を支える

駆動系の科学　第3章

図 円筒案内式軸箱支持
　　JR東海の700系、N700系

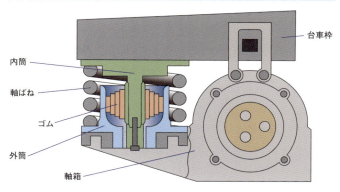

- 内筒
- 軸ばね
- ゴム
- 外筒
- 軸箱
- 台車枠

円筒形のゴムで軸箱を支える

参考：『鉄道ダイヤ情報』（交通新聞社、2009年11月号、Dr.AZUSAの「電車基礎講座」梓岳志）

△ 片板ばね式軸箱支持を採用したJR東日本のE956形の台車。車輪手前の軸箱には、回転部の異常を把握するための振動センサーや温度センサーが装着され、ものものしい

写真：朝日新聞社/時事通信フォト

3-7 台車に取りつけられた乗り心地を向上させる仕組み

　乗り心地をよくするため、台車にはさまざまな工夫が施されている。その1つが軸ばねのほかにも設けられた「ばね装置」だ。

　台車枠が車体と接する部分には、「まくらばね」と呼ばれるばね装置があり、台車の振動を車体へと伝えないように工夫されている。まくらばねは前後の車輪の中間に置かれ、その数は左右2組だ。新幹線の台車のまくらばねは、圧縮空気の弾性を利用した「空気ばね」である。金属製のばねと比べてソフトで、なおかつ振動の吸収力にすぐれているという特徴をもつ。

　超高速で走行するため、軸ばねやまくらばねだけでは、車輪からの振動を完全に吸収することは難しい。そこで、軸ばねやまくらばねの役割を補佐する目的で、金属製の筒の中に油を詰めて振動を吸収する「オイルダンパ」が各所に設置された。

　近年登場した車両の台車には「セミアクティブサスペンション」または「フルアクティブサスペンション」も導入されている。どちらも基本的には、振動を察知すると揺れとは反対方向の力を加えて揺れを打ち消す役割を果たす。揺れそのものの力で作動するものをセミアクティブサスペンション、モーターや油圧などで作動するものをフルアクティブサスペンションという。

　セミアクティブサスペンションは500系、700系、E2系、E3系、E7・W7系の一部の車両、N700系、800系のすべての車両に搭載された。一方、フルアクティブサスペンションは、一部の車両への搭載は500系、E2系、E3系、E7・W7系、すべての車両への搭載はE5・H5系、E6系となっている。

駆動系の科学 第3章

≪ 車体と台車とをつなぐヨーダンパ。台車のヨーイング（車体を中心に回転するように車輪が左右に動揺する振動）を減少させる

撮影：青木英夫

≪ まくらばねが台車の振動を車体に伝えない役割を果たす

図 セミアクティブサスペンション

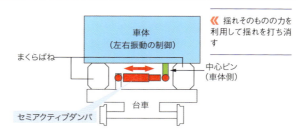

≪ 揺れそのものの力を利用して揺れを打ち消す

図 フルアクティブサスペンション

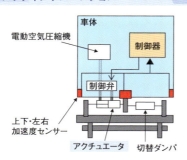

≪ 加速度センサーが揺れを感じると、圧縮空気を用いてアクチュエータを作動させて揺れを打ち消す

3-8 「ネコ耳」がある新幹線って？ 新幹線の多彩なブレーキ

　超高速で走行するだけに、新幹線の車両にとってブレーキ装置はもっとも大切な機器である。このため、2種類のブレーキ装置が採用された。摩擦力を用いないブレーキ装置、そして摩擦力を用いたブレーキ装置だ。

摩擦力を用いないブレーキ装置

　摩擦力を用いないブレーキ装置は通常、超高速域からのブレーキに用いられている。このブレーキ装置は、モーターを発電機として使用することで生じる大きな抵抗力によって車両の速度を落とすというもので、電気ブレーキ装置という。

　電気ブレーキ装置はさらに2つに分けられる。モーターが発電した電力を放熱するものが発電ブレーキ装置、同じく電力を架線へと返してしまうものが電力回生ブレーキ装置だ。新幹線の車両はすべて電力回生ブレーキ装置を採用し、最高速度から30km/h程度、なかには停止寸前まで作動させており、省エネルギー化に貢献している。

　しかし、モーターのついていない車両では電気ブレーキ装置を用いることはできない。そこで、車軸に装着した円板を磁石で吸いつけることにより、摩擦力に頼らないブレーキ力を得る渦電流ブレーキ装置を搭載した車両が700系に見られる。

摩擦力を用いたブレーキ装置

　摩擦力を用いるブレーキ装置として新幹線の電車が採用して

駆動系の科学 第3章

図 新幹線のブレーキ装置

- **・摩擦力を用いないブレーキ装置**
  - 電気ブレーキ装置
    - 発電ブレーキ装置
    - 電力回生ブレーキ装置
  - 渦電流ブレーキ装置
  - 空気抵抗増加装置

- **・摩擦力を用いたブレーキ装置**
  - 空気ブレーキ装置

図 摩擦力を用いないブレーキ装置

電気ブレーキ装置

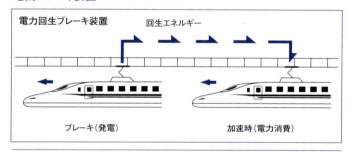

ブレーキ時にモーターが発電した電気を架線に戻して再利用する

いるのは空気ブレーキ装置だ。新幹線の車両では、空気圧を用いて油圧ブレーキシリンダを動かし、ここでブレーキ力を約8倍に増やして、車輪に取りつけられたブレーキディスクと呼ばれる円板を押しつける方式が採用された。

空気ブレーキ装置を作動させるための命令は電気信号で伝え

摩擦力を用いたブレーキ装置

JR九州800系の空気ブレーキ装置。車輪の内側に取りつけられたブレーキディスクをブレーキシューが押しつける仕組みをもつ。非常ブレーキの際にはこのブレーキ装置だけを用いる

られる。先頭車両から最後尾車両まで電線を通し、運転室でブレーキをかけるといっせいにブレーキがかかるのだ。万が一、連結器が外れて車両が分離するようなことがあっても、電線が切れることで電磁石が空気ブレーキ装置を作動させる。

　非常時にかけるブレーキ装置はこの空気ブレーキ装置だ。近年は車輪とレールとの間にセラミックの粉を噴射して摩擦力を高める方策が採り入れられ、おもに先頭車に装着された。

　11-4で紹介するE956形「ALFA-X」には、試験的に2種類のブレーキ装置が採用された。空力抵抗板ユニット、そしてリニア式減速度増加装置だ。

　空力抵抗板ユニットは、屋根に収納された板を立てることによ

って生じる空気抵抗を利用して車両を止めるシステムを指す。板を立てた車両を前から見るとネコの顔のように見えるので、板は「ネコ耳」と呼ばれるようになった。このシステムは航空機でも着陸時のブレーキとして用いられており、かわいらしい外観とは裏腹に実績は十分ある。

　リニア式減速度増加装置は、台車に取りつけた電磁石をレールに近づけ、電磁石が吸着する力で作動させるブレーキだ。国鉄時代につくられた試験車両でも採用されたが、当時はレールを変形させるといった悪影響を及ぼしたために実用化されなかった。今回はどうなるであろうか。

摩擦力（空気抵抗）を用いたブレーキ装置

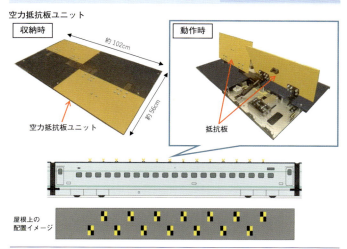

空力抵抗板ユニットは、抵抗板が垂直に立ち上がることによって生じる空気抵抗を用いて、車両を停止させるブレーキの役割を一部果たす

出典：「新幹線の試験車両ALFA-X のデザインおよび開発状況について」（JR東日本ニュース）

COLUMN3
新幹線の開業以来採用され続けている 歯車形たわみ軸継手平行カルダン装置

　3-5で紹介した歯車形たわみ軸継手平行カルダン装置の息は長い。1964年に東海道新幹線が開業したときに投入された国鉄の0系以来、半世紀以上にわたって用いられているからだ。近年は改良版となる平板形たわみ軸継手カルダン装置を採用した車両も現れたが、継手の形状が異なるだけで大きな違いはない。両者とも平行カルダン装置に属する1つのシステムである。結局のところ、新幹線の車両の駆動装置で平行カルダン装置以外のものが使われた試しはないのだ。

　平板形たわみ軸継手カルダン装置は、1960年代に日本で開発された。歯車形たわみ軸継手平行カルダン装置の歴史はさらに古く、1920年代に米国で開発され、日本には1950年代に初めて導入されている。

　日本で初めて歯車形たわみ軸継手平行カルダン装置を採用した車両は、いまの東京地下鉄の前身となる帝都高速度交通営団が1954年に導入した丸ノ内線向けの電車だ。新幹線の車両の開発にあたって国鉄は、丸ノ内線の電車に搭載された歯車形たわみ軸継手平行カルダン装置を大いに参考にしているので、新幹線の車両のもう1つのルーツといってもよい。

🔺 日本で初めて歯車形たわみ軸継手平行カルダン装置を採用した帝都高速度交通営団（現在の東京地下鉄）の300形電車。丸ノ内線での役目を終え、現在は東京都江戸川区の地下鉄博物館に保存されている

第4章 電力供給の科学

4-1 新幹線を超高速で走らせる大電力をどう供給する？

　東海道新幹線が開業する前、国鉄は新幹線の電車が加速するには2万kWもの電力が必要だと考えた。この数値は、1基あたり出力312.5kWのモーターを1両に4基積んだ車両を、16両連結して走らせた状態に相当する。

　これだけの電力を電車に供給するには、JRの在来線で用いられている直流1,500Vでは難しい。必要とする電力は変わらないのだから、電圧が低くなれば電流が大きくなる。あまりに大きな電流が生じていると、架線からパンタグラフが離れた瞬間に雷が落ちたときと同じような現象が起き、車両や施設にダメージを与える危険性が高いからだ。当初は直流3,000Vまたはそれよりも大きな電圧を供給することが考えられた。しかし、直流は電圧を変化させることが困難なので、高い電圧の電力を電車に供給しても、モーターに必要な電圧へと落とすことができない。

　そこで国鉄は、新幹線を交流で電化することとした。交流は電車に搭載した主変圧器で簡単に電圧を変えられるから、架線には高い電圧の電力を送ることができる。新幹線の架線を流れているのは交流2万5,000V、在来線に比べて約17倍もの高圧だ。東海道新幹線が検討された当時、まだ国内では交流による電化が実用化されておらず、交流電車をつくる技術も不十分だった。そのため国鉄は、在来線の仙山線を交流2万V、50Hzで電化して試験を実施する。実用化の目途が立つと今度は北陸本線を交流2万V、60Hzで電化し、国産の交流電気機関車の量産にも着手した。新幹線は、これらの技術の蓄積をもとに電化されたのだ。

電力供給の科学 第4章

図 交流のメリット

直流

電圧が低いため、大電流が流れて危険！

直流1,500Vの場合

架線

高電圧を供給すると、主変圧器で電圧を変えるのが困難

交流

電圧が高いので、大電流が生じない

交流2万5,000Vの場合

架線

主変圧器で容易に電圧を変えられる

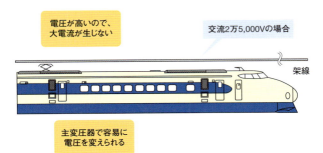

4-2 2種類の電源周波数に新幹線はどう対応したか？

　新幹線が交流で電化された理由には、大きな電力を供給できるほかに、電力会社が発電した交流をそのまま利用できるという点も挙げられる。しかし、ここで問題が生じてしまう。日本の電力会社は東日本では50Hz、西日本では60Hzと、異なる「電源周波数」の交流を供給しているからだ。

　電源周波数とは、電流が1秒間に強さや向きを何回変えているのかを表したものである。交流だけに存在し、直流にはない。2種類の電源周波数をいっしょに架線に送ることは不可能だ。

　最初に開業した東海道新幹線の場合、新富士〜静岡間にかかる富士川橋梁を境に、電力会社が供給する電源周波数が変わることが問題となってしまう。車両側で電源周波数を切り替えることも可能だったが、当時の技術では機器が重くなってしまうために断念せざるを得なかった。

　国鉄は、架線の電源周波数を統一することを検討する。東海道新幹線は将来、西日本方面への延長が予定されていたため、距離の長い60Hzが採用となった。電力会社から50Hzの交流が供給される富士川以東では「周波数変換変電所」を設置し、電力会社から受け取った50Hzを60Hzへとあらためてから架線へと送っている。同じく、異なる電源周波数が供給される地域を通る北陸新幹線を建設したときには、技術が進歩したため、車両側で対応させることにした。E7・W7系の場合、車内で使用する交流の電源周波数を60Hzにそろえ、50Hzで電化された区間を走るときには変換している（82ページのCOLUMN4参照）。

電力供給の科学　第4章

⌃ 静岡県富士市の「富士川橋梁」を渡る東海道新幹線の車両。日本ではこの川を境に東側は50Hz、西側は60Hzの交流が電力会社から供給される

⌃ 北陸新幹線の軽井沢～佐久平間に設けられた「新軽井沢き電区分所」。ここを境に軽井沢駅側には50Hz、佐久平駅側には60Hzの電源周波数が供給され、電車は力行切替セクションを通過中に電源周波数を自動的に切り替える

撮影：小谷松大祐

4-3 新幹線に電力を確実に供給する複雑な仕組み

　電力会社から供給された電力を、新幹線が用いる電力の仕様へとあらため、架線へと送る施設を「き電変電所」、略して「変電所」という。新幹線の変電所は20～30kmおきに設置され、通常は無人で遠隔操作によって作動している。

　変電所の役割は、電力会社から供給された「三相交流」を新幹線で用いられる「単相交流」へとあらためるものだ。電力会社から供給された三相交流の電圧は、15万4,000Vや22万V、27万5,000Vなど。これらの電圧を落とす際、電線のつなぎ方を変えるだけで単相交流2万5,000Vが得られる。ただし、ここで変換された交流2万5,000Vは、電力の波形が90度ずれたものが2系統出力され、これらを均等に用いなければならない。しかも、1つひとつの電力には向きが決まっているので、異なる変電所から供給された電力と混合させることは不可能だ。このため、変電所付近、そして2カ所の変電所のほぼ中間地点には「き電区分所」といって、電気的に区分するための施設、「セクション」を設置している。

　通常、セクションでは電力を通さない樹脂などを架線に用いて、パンタグラフを上げたままの走行に対応させた。このようなセクションを「デッドセクション」という。しかし、新幹線は超高速で走行するため、常に加速を続けなくてはならず、デッドセクションで電力の供給が途絶えるとスピードが落ちてしまう。

　そこで、数kmにわたる区間をセクションとして、ここに電車が進入したら瞬時に変電所からの電力を切り替える仕組みが採用された。このようなシステムを「力行切替セクション」という。

電力供給の科学　第4章

図 力行切替セクションの仕組み

力行切替セクションに列車がいない状態

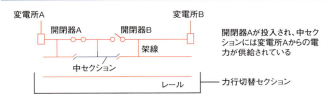

開閉器Aが投入され、中セクションには変電所Aからの電力が供給されている

力行切替セクションに列車が差しかかった状態

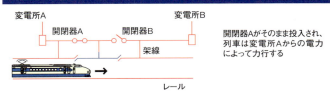

開閉器Aがそのまま投入され、列車は変電所Aからの電力によって力行する

中セクションに列車が差しかかった状態

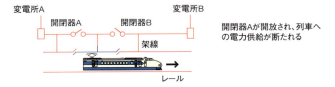

開閉器Aが開放され、列車への電力供給が断たれる

切替をすませた状態

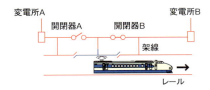

開閉器Bが投入され、列車は変電所Bからの電力によって力行する

4-4 複雑に張られた架線にはちゃんと理由があった!

　新幹線の車両に電力を供給するため、線路の上空には「**架空単線式電車線路**」が張りめぐらされている。これを略して「架線」という。架線に供給される電力は交流2万5,000V、50Hzまたは60Hzだ。架線は、コンクリート製または金属製の電柱と、電柱から線路に向かって直角に突きだした「**ブラケット**」と呼ばれる部材で支えられている。

　電柱は基本的に50m間隔で建てられ、カーブや風の強い場所などでは50m未満の間隔となっている区間も多い。レール面から5m±1mの高さに張られ、110km/h以上の速度をだす区間では、レールとは±0.3％以内の傾きに収めることとなっている。

　架線のうち、パンタグラフと接触する部分を「**トロリ線**」という。トロリ線は円形の断面をもち、左右に溝を設けた「**溝つき硬銅トロリ線**」が用いられている。超高速で接触するパンタグラフの衝撃に耐えるため、トロリ線は1kmあたり約1.5tと重く、しかも約9.8～約25kNと、とても強い力で張られている点が特徴だ。

　トロリ線だけを張ると電柱以外の場所ではたるんでしまうため、トロリ線の上に「**ちょう架線**」という、つり下げるための電線も張っていく。このような張り方を「**カテナリちょう架式**」という。1本のちょう架線で支える架線を「**シンプルカテナリ**」、ちょう架線とトロリ線との間にもう1本の補助ちょう架線を追加した架線を「**コンパウンドカテナリ**」と呼ぶ。

　コンパウンドカテナリは超高速で車両が通過しても揺れることが少ない。このため、シンプルカテナリは駅の待避線や車庫など

速度をあまりださない区間に張られ、それ以外はおもにコンパウンドカテナリが採用されている。ただし、近年、架線を強い力で張って、超高速での車両の走行に対応した**高張力シンプルカテナリ**が実用化された。北陸新幹線など、1990年代以降に開業の新幹線はすべてこのタイプの架線だ。

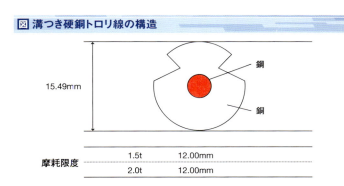

図 溝つき硬銅トロリ線の構造

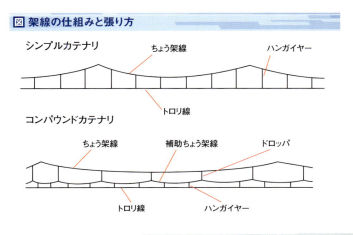

図 架線の仕組みと張り方

4-5 空気抵抗を減らして、騒音を抑えるパンタグラフ

「**パンタグラフ**」とは、架線に供給された電力を車両に取り込むための装置を指す。屋根上に取りつけられ、菱形または「く」の字の形状をもつ。新幹線の電車に取りつけられているパンタグラフは、在来線のものと比べるとひと回り小さい。

実は、超高速で走行する新幹線の電車がもっとも大きな音をだす場所がこのパンタグラフなのである。このため、できるかぎり風を切る面積を減らすために、小型のものが搭載されているのだ。

パンタグラフはヒンジ部分が伸び縮みすることで架線に追随する。しかし、新幹線のパンタグラフはあまり上下に動かない。これは、架線の高さをレールから5m±0.1mにそろえて敷設されているからだ。この結果、超高速で走行してもパンタグラフが架線から離れることが少なくなったし、パンタグラフ自体も小さくすることができた。

架線と接触する部分を「**すり板**」と呼ぶ。菱形のパンタグラフの時代には前後に2個設けられてい

≫N700系に装着されたパンタグラフの全景。パンタグラフの根本には風防カバーが設けられ、むきだしとなった碍子（がいし）から生じる空力音を排除した。外側にはパンタグラフを覆うかのように側壁が設けられ、空力音を外へと漏らさないようにしている

写真提供：JR東海

たが、シングルアーム式では1個となり、架線をこすることで生じる騒音を減らした。

近年、パンタグラフの風切り音を減らす目的で、パンタグラフの周りにカバーを設けた車両が増えてきた。カバーは2種類の部品から構成されている。1つはパンタグラフの根本にあたる場所に設けられた風防カバーで、空気がなめらかに流れていくよう、前後になだらかな傾斜が設けられた。もう1つはパンタグラフの左右を覆うように取りつけられた側壁だ。こちらは風切り音の拡散を防ぐ役割を担う。

COLUMN4
電源周波数が頻繁に変わる北陸新幹線をE7・W7系はどう走っているのか?

　北陸新幹線では、国内に存在する2種類の電源周波数(50Hz、60Hz)をそのまま採り入れて架線に供給している。この結果、架線を流れる電力の電源周波数が50Hzの区間と60Hzの区間とがあり、しかも複雑に入り乱れているのでややこしい。

　起点の高崎駅から軽井沢駅と佐久平駅との間の新軽井沢き電区分所と呼ばれる46.7kmの区間の電源周波数は50Hzである。電力を50Hzで発電している東京電力が供給しているからだ。

　新軽井沢き電区分所から上越妙高駅と糸魚川駅との間にある新高田き電区分所までの132.9kmの区間に供給されているのは60Hzの電力である。この区間では60Hzの電源周波数で発電を行っている中部電力の電力が送電されているのだ。

　新高田き電区分所から糸魚川駅と黒部宇奈月温泉駅との間にある新糸魚川き電区分所までの間となる39.6kmの区間では、電源周波数は再び50Hzとなる。架線に送電している電力会社が50Hzの電力を発電している東北電力に変わったからだ。

　新糸魚川き電区分所から終点の金沢駅までの126.3kmは再度電源周波数が60Hzとなる。この区間の電力を供給する電力会社は北陸電力で、発電している電力の電源周波数が60Hzであるからだ。

　とはいえ、電源周波数がどちらであっても、E7・W7系の走行に影響はない。3-4で紹介したように、架線から採り入れた交流2万5,000Vの電力は、最終的には三相交流に変換され、主変換装置は必要に応じて電源周波数を変えて誘導主電動機のトルクをコントロールするからだ。

　一方、車内で用いる電力は架線に供給される電源周波数に左右される。多くは電源周波数が異なっても問題ないが、換気用や機器の冷却用のファンはどちらかに統一されているほうが都合がよい。このため、E6・W7系ではこうした機器に対し、常に60Hzの電源周波数の電力が供給されている。

第5章 車体の科学

5-1 新幹線の車体には どんな性能が求められる？

　新幹線の車両の車体にはさまざまな要素が求められる。なかでも、強度、軽さ、気密性の3点は重要だ。まずは強度から見ていこう。新幹線の車両は200km/hを超える速度で走りながらトンネルに進入したり、ほかの車両とすれ違う。その際、車体には大きな力が作用し、車体はわずかながらふくらんだり、あるいは縮む。車体はこうした力に繰り返し耐える必要がある。

　ただし、衝突安全性については考慮されていない。新幹線は全線で「ATC」（Automatic Train Control device：自動列車制御装置）が導入されており、衝突事故は起きないとの前提でつくられているからだ。先頭車の前面下部に設けられた排障器は、障害物をはね飛ばせるように鋼鉄を何枚も重ね合わせて強度を確保しているが、ほかの部分はそこまでの強さを備えてはいない。

　続いては軽さだ。車両の重量が軽くなればなるほど、超高速で走行するときに生じる抵抗は減っていく。従って、軽い車体であればスピードを上げることが容易となるし、より少ないエネルギーで走ることもできる。重要なのは、強度を落として軽くしてはいないという点だ。同じ強度をもつ車体をつくったときに、より軽くなるような素材が選ばれる。

　気密性が要求されるのは新幹線ならではだ。新幹線の車両がトンネルに進入すると、気圧の変化で車内の人たちは耳がツンとなってしまう。これを防ぐために車体は密閉した気密構造とする必要がある。このため、軽く、強度があっても、気密構造としにくいステンレス鋼は新幹線の車体の素材には採用されない。

車体の科学　第5章

≪ 先頭車の前面には排障器が取りつけられている。写真は東北、上越新幹線の開業当時に用いられていた200系の試作車である962形。豪雪地帯での走行に備え、排障器には雪かき器の機能も追加された

≪ 200系新幹線の先頭車のスカート部の裏側。雪が入らないように隙間がふさがれている

撮影協力：鉄道博物館

5-2 なぜ新幹線の先頭車両は流線型の部分が長いのか？

　新幹線の電車の先頭部分は走行時に大きな空気抵抗を受ける。この空気抵抗を少なくするため、曲線でかたちづくられた流線型の先頭形状が採用された。

　先頭形状の設計は「風洞実験」の結果をもとに行われる。風洞実験とは、箱の中に模型を置き、その模型に向けて巨大な扇風機で煙を送って測定する方法だ。また、模型を水中に沈め、水の流れを観察しながら空気抵抗の状況を見極める方法も採り入れられている。新幹線の車両の場合、すべての系列の先頭形状が風洞実験によって開発された。

　さて、超高速でトンネルを通過する際、新幹線の電車はトンネル内の空気を押しだして大きな圧力を発生させるため、ドンという大きな音を立ててしまう。トンネルを空気鉄砲にたとえると、車両が筒に込められた弾となる。速度が高くなればなるほど圧力

が高まるので、車両が外にでようとすると強い衝撃波が生じるのだ。このような現象は「トンネル微気圧波」と呼ばれる。

　近年、先頭形状の工夫によってトンネル微気圧波を軽減できることが明らかになってきた。まずは、前方から見た先頭部分の断面積の分布をできるかぎり緩やかにすることが求められ、流線型の部分の長さがおよそ10m前後に伸ばされている。同時に先頭部分の下のほうをふくらませるとよいことも判明した。ただし、あまりに流線型の部分が長いと、運転室から前方を見るのが難しくなってしまう。そこで多くの場合、「キャノピー形状」といって、運転室の部分だけ飛びだしたような姿をしている。

図 トンネル微気圧波の仕組み

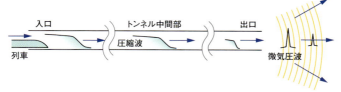

高速でトンネルに突入した新幹線がトンネル内の空気を圧縮。この圧縮された空気が、トンネルの外にでる際、大きな衝撃波を発生させる
参考：鉄道総合技術研究所Webサイト　http://www.rtri.or.jp/

《 JR東日本の試験車両「FASTECH 360 S」（ストリームライン）。運転室が、戦闘機のような「キャノピー形状」となっている

5-3 なぜアルミニウム合金が新幹線の車体に使われる?

　新幹線の車両の車体に用いられる素材は**アルミニウム合金**である。かつては鋼鉄製の車体をもつ車両も存在したが、いまはない。近年登場する車両はすべてアルミニウム合金製の車体をもち、ほかの素材の追随を許さない状況だ。

　鋼鉄と比べ、アルミニウム合金は非常に軽いという特徴をもつ。部品がなにもついていない状態の車体は「**構体**」と呼ばれる。新幹線の場合、鋼鉄製の構体の重さは10t程度であるのに対し、同じ強度をもつアルミニウム合金製の構体では6tほどしかない。アルミニウム合金はスピードアップと省エネルギー性とを両立させる素材として、いまや新幹線の車両を製造するうえで標準的な仕様となった。

　残念ながら、アルミニウム合金にも欠点はある。それは大変高価という点だ。鋼鉄と比較すると2倍から数倍の費用を要する。さらに、製錬の際に大量の電力を消費するために、あまり省エネルギー性に富んでいるとはいえない。

　しかし、近年は**大型押出形材**といって、ところてんのようにアルミニウム合金を押しだすことで、コストを抑えて部材を製造する技術が一般的となった。

　製造するには大量の電力を消費するものの、軽いために車両が走行する際の電力を少なくすることが可能だし、軌道をはじめ、施設への負担も少ない。仮に車両を10年使用するとして総合的に費用を計算すれば、アルミニウム合金製の車体のほうが得になるのだ。

車体の科学 第5章

図 大型押出形材の製造工程

図 押出のイメージ

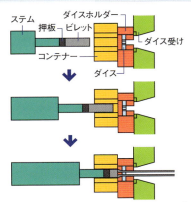

ステムと押板とがビレットを押し、ダイスを通過しながら複雑な形状へと加工される

押出

押出形材

写真提供：日本軽金属

5-4 遮音性や断熱性が高いダブルスキン構造とは？

　車体のつくり方も日々進化を遂げている。当初は車体の各所に柱を立てたり、梁を通し、これらに板を貼りつけるようにして車体を組み立ててきた。鋼鉄製の車体は、みな、このような方法を用いているし、アルミニウム合金製であっても国鉄時代は鋼鉄製と同じ方法でつくられていた。

　近年登場したアルミニウム合金製の電車の車体は、軽量化のためにまったく新しい構造が採用された。基本的に板が柱や梁と一体となって車体を支える「**シングルスキン構造**」、または2枚の板を用いる「**ダブルスキン構造**」だ。

　シングルスキン構造とは、板の内側に設けられた多数の突起に細い柱や梁を溶接したつくりを指す。板と柱と梁が一体となって車体を支えるのだ。板を貼ることで柱や梁が設置される構造となり、全体として車体を軽くつくることができる。

　ダブルスキン構造とは、外側と内側の2枚の板を用いて車体を構成する方法だ。2枚の板の間にはやはりアルミニウム合金製の形材を入れ、強度を高めていく。シングルスキン構造と比べると、板が1枚追加されているぶんだけ重くなってしまうが、柱や梁がなくなって構造が単純となるうえ、強度も確保できる。また、車体のつくりも単純な構造となるので、組み立てが楽になってコストの削減が可能だ。しかも、2枚の板の間には防音材や断熱材を入れることができるため、車内の環境も良好なものとなるなど、利点が多い。

　この構造が導入されたばかりのころは客室部分にしか用いられ

ていなかった。いまでは「妻」と呼ばれる連結面を除いたいろいろな部分にも広がっている。やがて車体のすべてがダブルスキン構造となる日も来るだろう。

図 ダブルスキン構造のイメージ

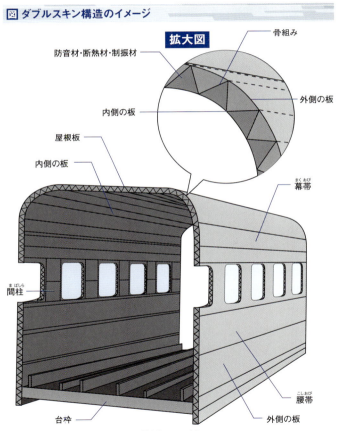

参考：『まるごと! 新幹線』梅原 淳/著（同文舘出版、2007年）

5-5 新幹線は気密構造で乗客を守っている!

　新幹線の車体が在来線などと異なっているのは「**気密構造**」を備えている点である。気密構造とは車体が密閉されている状態を指す。新幹線の車体は気密構造でないと不具合が生じてしまうのだ。超高速でトンネルに進入すると気圧が急激に変化するため、高気圧による聴器障害が起きやすくなる。耳がツンと鳴ることが代表的な症状で、放っておくと痛みや詰まりを覚えるだけでなく、最悪の場合は聴覚が失われる可能性もあるという。そこで、車体を気密構造として気圧を一定に保っている。

　とはいうものの、東海道新幹線が開業するにあたってテストを行うまで、高気圧による聴器障害については知られていなかった。このため、最初につくられた1000形と呼ばれる試験車両は気密構造が不十分であり、担当者は耳の不快感に苦しめられてしまう。また、東海道新幹線の開業と同時に投入された0系は、気密構造となっている場所は客室だけで、デッキやトイレ、洗面所は気密構造となっていなかった。このため、戸が開かなくなったり、水が逆流するといった苦い経験もしている。こうした経験を通じて気密構造は進化を遂げてきた。

　車体を気密構造とするため、部材の接合部はすき間が空かないように念入りに溶接され、ゴム製のシール材や

》 N700系の車体。密閉度を高めるためにはアルミニウム合金を用いたダブルスキン構造も有効だ。開口部をはじめ、車体に出入りする配線や配管類にも気密構造を保つために対策が施されている

パッキンなどの詰め物も入れられる。それでも、車両が走行を重ねていくうちに、気密性はどうしても落ちていく。そこで、「**全般検査**」と呼ばれる大がかりな定期検査の際に車体の密閉状態を検査し、空気の漏れを発見したら溶接し直したり、詰め物が変えられたりする。

車内を密閉するための工夫
❶ 側や妻、屋根などと台枠との接合部分は連続溶接とする
❷ 床には硬質ウレタンフォームを注入し、ウレタン系の塗料で仕上げる
❸ ガラスの取りつけにはシール材を用いる
❹ 洗面所や空気調和装置の排水孔には「水封装置」を用い、一度U字形の管に水をためたあとに排水する
❺ 錠の回転部分にはメカニカルシールとOリングとを用いる

5-6 床下の機器類の搭載方法も進化している!

　鉄道車両は通常、機器類を床下に取りつけている。新幹線の車両も同様だが、その方法は在来線の車両とは少々違う。

　新幹線の車両は在来線の車両と比べて長さ、幅ともに大きいから、床下が在来線に比べて非常に広い。機器類を車体の真ん中に取りつけると、車体の外側から奥まったところに入り込んでしまうために、メンテナンスがしづらくなってしまうのだ。このため、東北、上越新幹線の開業と同時に登場した国鉄の200系では横長の機器をレールと平行の向きから直角の向きに変え、メンテナンスしやすいように工夫された。

　また、近年登場した車両は、機器類を車体の外側寄りに取りつけ、**真ん中付近をあえて空ける**ような方法が採用されている。真ん中に設けられた空洞には風が通るようになっており、走行抵抗を低減するとともに機器類を冷却するといった工夫も施されているのである。

　さて、在来線の車両では機器類はたいてい箱形のケースに収められ、そのままの状態で取りつけられているが、新幹線の車両の場合は超高速で走行するだけに、突起や凹凸が多いとそれだけで走行抵抗が増えてしまう。そこで、**車体と一体となったカバー**をつくり、その中に機器類を収納した。

　こうした工夫のおかげで走行抵抗が少なくなったのはもちろん、騒音が減るという効果も得られた。さらには、軌道に敷き詰められたバラスト(砂利)や、線路に積もった雪が機器類に当たって壊れてしまうといったトラブルも少なくなった。

車体の科学 第5章

⌃ 床下の機器類がカバーで覆われたJR西日本の500系。700系、N700系なども同様の構造をもち、走行抵抗や騒音を減らしている

撮影:青木英夫

⌃ E5系の床下は、平滑な機器カバーに埋めつくされている。機器自体はこれほどの大きさではないので、すき間も多い。床下のほぼ中央には、機器を冷却する目的で空気の通り道も設けられた

5-7 超高速走行と引き替えに窓が小さくなるワケ

　新幹線の車両の窓は、概して新しいものほど幅が狭い。かつては座席2列につき1枚の窓と、幅にしておよそ1.5〜2m近い窓が取りつけられていたが、いまでは座席1列に1枚の窓が標準的となった。幅もどんどん狭くなり、N700系やE5・H5系は50cm前後と、航空機の窓と変わらない寸法となっている。

　窓が小さくなった理由の1つは、**破損時**のことを考えてのものだ。超高速で走行している新幹線の車両は、バラストや雪の破片が窓に当たってガラスが割れるトラブルが絶えなかった。大きな窓では取り替えの手間も時間もかかり、コストもかかる。そこで、窓を小さくしたのだ。小さな窓は東海道新幹線の開業と同時に製造された0系が1976年にマイナーチェンジを実施した際に本格的に導入された。小さな窓は見晴らしが悪くて利用者の評判はいまひとつだし、窓を多数設置すると車両を製造する際にそのぶんだけ工程が増え、費用もかさむ。こうした経緯で、国鉄が製造した100系やJR東日本のE2系の窓は当初は小さかったものの、のちに座席2列につき1枚の大きな窓を備えて現れた。

　とはいうものの、これらは新幹線の車両の進化から見て例外的な出来事だといえるだろう。最高速度が上がると車体に作用する力も大きくなるので、強度を高める必要がある。有効な方法は開口部を減らし、そのぶんを板とすることだ。N700系の場合、普通車の窓の幅は50cmだが、窓と窓との間にある板の幅は54cmと、とうとう窓よりも広くなってしまった。これからも窓はさらに小さくなってしまうかもしれない。

車体の科学　第5章

図 窓の大きさは小さくなっている

0系（登場当初）

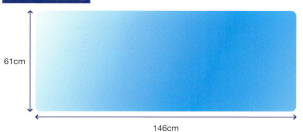

61cm
146cm

N700系

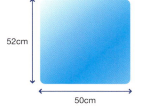

52cm
50cm

《 2000年11月、岡山県備前市内の山陽新幹線下り線で、クモの巣状にひびが入った新大阪発、博多行き「ひかり557号」(100系)の運転室のガラス。3層構造のガラスはすべて損傷を受けた。500系や700系も、100系の運転席ガラスと同様の3層構造だ

写真提供：時事通信社

5-8 高速走行のために重心を下げる工夫とは?

　新幹線の最高速度は、東海道新幹線の開業当時の210km/hから320km/hへと110km/h分も向上した。スピードアップには、車体の重心を下げることが必要となる。重心が高いと走行中に不安定な状態となり、強い横風が吹くといった悪い条件が重なると最悪の場合、脱線する危険性が高まるからだ。

　車体の重心を下げる際にもっとも有効なのは、5-8でも紹介したように、車体を低くすることである。4mから3.6mになって、40cm低くなったというから、10％の減少だ。これだけで超高速での走行安定性は大幅に増した。このほか、車体の重量バランスを見直し、床下を重く、屋根上を軽くする施策も有効だ。かつての新幹線の車両は、屋根の上に空気調和装置を搭載していた。涼風や温風は天井から吹きだすため、屋根上に取りつけていると配管を短くでき、なにかと都合がよいからだ。

　しかし、装置の高さだけで50cm近くあり、なおかつ重量も数tと重い。0系は屋根上に空気調和装置を10基以上も並べていたが、これでは重心を低くできないので、次に登場した200系や100系では屋根上に設置しているものの、車端部に1基ずつとまとめてしまった。

　これでも不十分と、本格的に270km/hでの走行を開始したJR東海、JR西日本の300系からは、空気調和装置は床下に搭載されることとなった。ほかの機器も取りつけられている床下に空気調和装置を追加するのは難しかったという。だが、半導体技術の進歩で機器類が小さくなったために実現したのである。

図 空気調和装置の位置の違い

0系

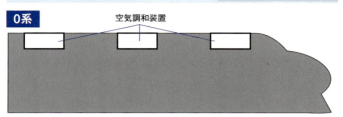

空気調和装置

100系・200系

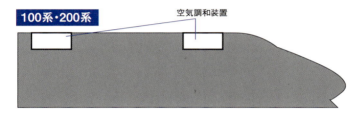

空気調和装置

300系

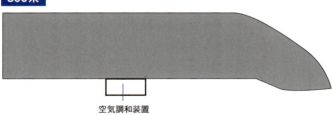

空気調和装置

0系が開発された昭和30年代は空気調和装置の信頼性が低かったために、機器を集約させず、分散させた。しかし、数が多く重量もある空気調和装置は、時代とともに数が減らされ、搭載位置も下げられてきた

5-9 車体の振動を抑える 車端ダンパ&車体間ダンパ

　車体の振動を抑えるには、揺れの少ない台車を履くことが重要となる。と同時に、車体自体が振動を抑え込む工夫も欠かせない。振動を防ぐために有効な対策は車体の剛性を高めることである。こうして、新幹線の車体は十分な剛性をもたせて設計された。

　とはいえ、台車や車体の剛性だけでは振動をゼロにすることはできない。そこで、振動をほかの車両に伝えないようにして乗り心地をよくする方策が考えられた。車体にはほかの車両に振動を伝えないようにするため、台車と同様に衝撃を減衰するダンパが取りつけられている。ダンパの種類は2つ。1つは「**車端ダンパ**」といって、車体の妻同士を棒で斜めに結ぶもので、どの車両にもついている。もう1つは車体と車体との間を円柱のような棒でまっすぐ結ぶというもの。こちらは「**車体間ダンパ**」と呼ばれ、500系、700系、N700系、800系、E2系、E5・H5系、E6系で採用された。

≪ 車両と車両をつなぐ車端ダンパ。ほかの車両に伝わる振動を減少させる

≪ 車体と車体をつなぐ車体間ダンパ。連結器を挟んで車両と車両の間に設けられ、複雑かつ細かな振動を抑制して、高速走行時の安定性や乗り心地を向上させる

第6章 客室の科学

6-1 リクライニングと回転とに対応する進化した腰掛

　新幹線にとって腰掛は重要なものの1つだ。腰掛は新幹線の場合、「横形腰掛」といって、線路のまくらぎと同じ向きに固定された腰掛が装着されている。車両の装置のなかで利用者が直接触れることのできる数少ないアイテムであり、快適な旅を提供するために必要なサービスの最前線といってよい。腰掛の出来は、利用動向に影響をおよぼす。不出来な腰掛を用いてきたために利用者が減ってしまったという苦い経験もあるほどだ。

　横形腰掛といってもその種類はさまざまである。現在の主流はグリーン車はもちろん普通車も、座席の向きを進行方向に応じて回転でき、なおかつ、背もたれの傾斜角度も変化させられる「回転リクライニング腰掛」だ。回転リクライニング腰掛が装着されていない車両は、E4系の普通車のうち、自由席車となる2階室だけ。ここには座席の向きは回転可能なものの、リクライニングはしない回転腰掛が装着されている。

　最初に登場した0系の普通車には、「転換腰掛」といって、背もたれを前後に動かして座席の向きを変える腰掛が採用された。幅の広い3人がけの腰掛を回転させるには前後の腰掛の間隔が足りなかったからだ。

　転換腰掛が不評だったため、0系の途中からと200系では普通車もリクライニング腰掛に変わった。だが3人がけの腰掛は、前後の間隔が不足していたために向きを変えられなくなってしまった。こちらも不評だったため、結局、前後の腰掛の間隔を広げ、3人がけの腰掛も座席を回転できるようにあらためられている。

図 新幹線の腰掛

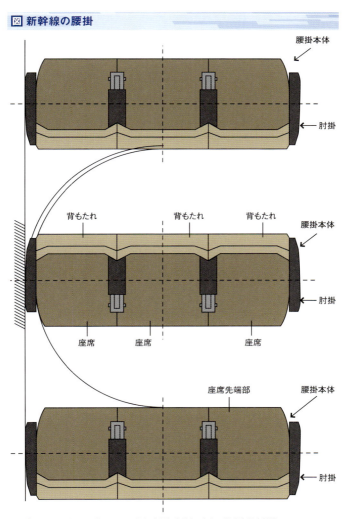

参考:『実用新案登録公報 第2583522号』、実用新案権者:小糸工業・東海旅客鉄道

6-2 座り心地がよくなり重量も軽くなっている腰掛

　普通車に装着される3人がけの腰掛の座席が初めて回転可能になったのは、国鉄時代に登場した100系だ。前後の腰掛の間隔を98cmから104cmへと広げて実現した。これでは広すぎると、JR東日本やJR西日本は、前後の腰掛の間隔を98cmのままで3人がけの腰掛の座席を回転させようと考える。リクライニングを戻したときに背もたれが前方に傾くようにし、腰掛の端を丸めるなど、回転させたときに前後の腰掛にぶつからない構造としたのだ。

　腰掛も進化を続けている。腰の部分のクッションといえば、金属のばねの上に布地を張っただけだったので、ばねの摩耗でお尻がクッションの下にまで落ち込み、座り心地が悪かった。そこで、ウレタンと呼ばれる素材で成形してクッション性能と耐久性とを両立させたり、ウレタンとばねとを組み合わせることで座り心地が格段によくなった。リクライニングの方法も工夫されている。N700系のグリーン車の腰掛は、背もたれを倒すと同時に、腰の部分も連動して上下し、より体にフィットする。JR東日本の車両の多くは腰掛はリクライニングはもちろん、腰の部分を前後に動かせ、さまざまな体格の利用者に対応している。

　腰掛は軽いほうがよい。数が多いので、車両全体の軽量化に効果的だからだ。腰掛の枠組はアルミニウム合金製で、1脚あたり3人がけで35kg程度、2人がけで27kg程度、グリーン車で45kg程度である。さらなる軽量化を目指し、マグネシウム合金で2人がけの腰掛が試作された。重量は4kg減の23kgとなり、耐久性などの課題をクリアすれば実用化されるだろう。

客室の科学 第6章

図 N700系の腰掛の仕組み

N700系グリーン車のシート

- 読書灯
- ウレタン層
- 樹脂ばね
- 金属ばね

N700系のグリーン車で採用された「シンクロナイズド・コンフォートシート」は、人間工学的に最適な乗り心地を実現するため、リクライニングに合わせて座面が傾斜する新機構を採用している

6-3 3層構造の窓は飛び石にも耐えられる!

　新幹線の車両の窓に用いられているガラスは「**複層ガラス**」といって、2枚または3枚のガラスを張り合わせてつくられている。気密性や防音性、断熱性を高めるため、複数のガラスを用いているのだ。

　枚数が多く、なおかつ厚みのあるガラスが用いられているのは、座席から外を眺めるために設けられた「**客窓**」と呼ばれる場所に採用されているガラスである。客窓は一般に3枚のガラスで成り立つ。

　いちばん外側は生ガラスとも呼ばれる一般的なガラスが多い。厚さは4mm程度だ。その内側には樹脂製の透明なフィルムがはさまれ、さらに内側にはやはり4mm程度のガラスが接着されている。このガラスは強度があり、なおかつ割れたときに細かい破片となる強化ガラスが用いられ、紫外線を吸収する効果ももつ。

　続いては空気の層が設けられている。新幹線の車内は密閉されているため、車外と車内との気温差によって車内側のガラスが曇ってしまう。そこで乾燥した空気を注入して、車外の気温の変動が車内に影響をおよぼさないように配慮された。

　空気の層の内側には厚さ5mmほどの強化ガラスがある。このガラスは利用者が手を触れることのできる場所にあるから、凹凸のないように仕上げられた磨きガラスだ。

　ガラスはとても重い。このため、近年はアクリル板などに用いられるポリカーボネート製の窓を導入するケースも現れた。新幹線の窓の技術も日進月歩なのである。

客室の科学 第6章

図 200系新幹線電車の窓の仕組み

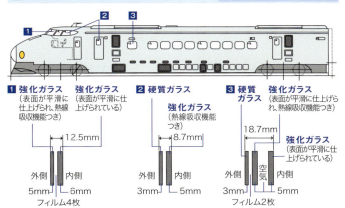

1 強化ガラス
(表面が平滑に仕上げられ、熱線吸収機能つき)
強化ガラス
(表面が平滑に仕上げられている)

12.5mm
外側 5mm ／ 内側 6mm
フィルム4枚

2 硬質ガラス
強化ガラス
(熱線吸収機能つき)

8.7mm
外側 3mm ／ 内側 5mm

3 硬質ガラス
強化ガラス
(表面が平滑に仕上げられ、熱線吸収機能つき)

18.7mm
外側 3mm ／ 空気 ／ 内側 5mm
強化ガラス
(表面が平滑に仕上げられている)
フィルム2枚

参考:『新版 新幹線』新幹線運転研究会/編(日本鉄道運転協会、1984年10月)

《 N700系の客窓。いちばん厚みのあるガラスは客室に用いられているもので、外側から生ガラス、透明フィルム、強化ガラスとなる。なお、上の写真の手前にある機材は車体傾斜装置のテストのために用いられたもの

107

6-4 停車駅やニュースを流す旅客案内情報装置の秘密

　客室から見てデッキとの仕切壁の上には、さまざまな文字情報が表示される機器が設置されている。この装置の名を「**旅客案内情報装置**」という。

　停車駅など列車の運行に関する情報をはじめ、ニュースや沿線の天気予報なども案内され、とても便利だ。出張時などについつい見てしまう人も多いだろう。

　ところで、これらのさまざまな情報はどのようにして表示されているのだろうか？

　まず、列車の運行に関する情報はあらかじめ地上でデータが作成され、車掌は乗務の際にこのデータを乗務員室に設けられた「**モニター中央装置**」に入力しておく。モニター中央装置は、「**ATC**」(Automatic Train Control device：自動列車制御装置)による位置情報を受信すると、光ファイバーケーブルを介して、旅客案内情報装置へ情報を伝える。そして、1両につき2基設

》N700系の旅客案内情報装置は、次の停車駅についてどちら側のドアが開くかも知らせる。ニュース表示時などは1段となって大きな文字になり、うしろのほうの座席に座っている人でも見やすい

写真提供：JR東海

けられている旅客案内情報装置が、その地点で表示すべき内容(次の停車駅に関する情報など)を案内するのだ。

ニュースや天気予報などの情報は、列車の運行をつかさどる地上の「総合指令所」へと配信される。ここから列車無線装置に用いる回線を使用して、各列車に伝えられていく。

新幹線の各部と同様に、旅客案内情報装置も日々進化を遂げている。N700系では、画面のサイズが大きくなると同時にフルカラーでの表示も可能となった。今後は文字だけでなく、映像も表示されるようになるだろう。

6-5 車内の冷暖房や換気は気密を保ちながら行う

　車内の温度を調節する装置を「**空気調和装置**」という。暑いときには冷房を、寒いときには暖房を働かせて、車内を一定の気温に保つ。快適な旅には欠かせない装置だ。

　冷房運転を行う仕組みは、どの車両も変わらない。外から採り入れた空気を圧縮することで熱を取り除き、冷たい風を車内に送っていく。このような仕組みを「**ヒートポンプ方式**」と呼ぶ。新幹線にかぎらず、ほかの鉄道車両や一般の家庭、オフィスでも採用されている方法だ。真夏の炎天下を走行すると直射日光の温度は40度以上にも達するので、1両あたり約25万kJと、通勤電車並みの強大な能力をもっている。

　暖房はJR東海、JR西日本の車両と、JR東日本やJR九州の車両とで相違点がある。前者は冷房に用いた空気調和装置を、暖房運転を行って車内を温める。具体的には空気を圧縮して冷気を取り除き、温風を車内に供給していく。

　一方、寒冷地などでは、ヒートポンプ方式を用いて暖房を行っていては能力が不足しがちで車内が寒くなってしまう。そこで腰掛の下に設置した電熱器を用いて車内を温める仕組みが採用された。JR九州の800系は特に寒冷地を走行してはいないのだが、あえて暖房には電熱器を用いている。

　空気調和装置とは別に、新鮮な空気を採り入れて、汚れた空気を排出する装置を「**換気装置**」と呼ぶ。新幹線の車両の換気装置は密閉した状態を保ちながら車内を換気していかなくてはならないため、「**サーボファン**」と呼ばれる非常に強力なファンを回し

て行う。新鮮な空気は空気調和装置を通じて送られ、客室内の汚れた空気は腰掛の下の排気取り入れ口から排出される。

図 N700系の空調の仕組み

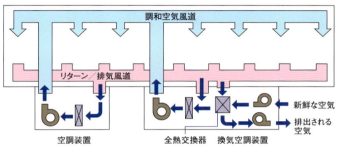

参考：『東海道・山陽新幹線直通用次世代車両「N700系」量産車の概要（2）』伊藤一・中倉康喜・和田哲也・福井広道、『鉄道車両と技術』（レールアンドテック出版、2007年8月号）

《 700系とN700系の空気調和装置の吹きだし口（写真はN700系）は天井ではなく、荷棚の下に設けられた。床下の空気調和装置から送りだされた冷風が天井に到達するまでの間に熱せられるケースが目立ったため、風道を短くしたのだ

《 車内の汚れた空気は腰掛の下に設置された排気取り入れ口から空気調和装置へと戻っていく（写真はN700系）

6-6 新幹線のトイレは旅客機と同じ真空吸引式が主流

　新幹線のトイレには洋式、和式の2種類がある。どちらも水洗式であり、洗浄水は床下に設置されているタンクへと格納される仕組みをもつ。3日に1回程度の頻度で車両が車両基地で検査を受ける際、タンクにたまった洗浄水も抜き取られる。

　便器を洗浄する方法は3種類。「**循環式**」「**噴射式**」「**真空吸引式**」だ。循環式とは1回につき約2Lの洗浄水を用い、水だけを消毒のうえ再利用する仕組みで、もちろん汚物はタンクに格納される。しかし、消毒に用いる薬品が環境によくないということで、近年は効き目の弱いものが用いられているため、洗浄水に臭いが残るという欠点があり、最新の車両には採用されていない。

　噴射式とは、洗浄水を空気圧によって便器に強力に吹きつけて洗浄する仕組みだ。1回あたりの洗浄水の使用量は180mLにまで減り、再利用されることはない。ただし毎回180mLの水を用いての洗浄だけでは便器に汚れがついてしまう。そこで、5回に1回程度は大量の水を流して洗浄を行う仕組みをもつ。

　真空吸引式とは、洗浄の際にタンクが真空状態となって洗浄水を吸い込む方式である。1回あたりの洗浄水の使用量は300mLほどで、やはり再利用されない。吸引の際に臭いも吸い込まれるため、ほぼ無臭のトイレが実現した。ネックとなっていたのは価格の高さと複雑な構造であったが、改良によってほぼ克服されている。ちなみに、航空機のトイレは以前から真空吸引式だ。

　近年は噴射式と真空吸引式とが主流を占めている。なかでも、最新式の車両のトイレは真空吸引式が増えてきた。

客室の科学 第6章

図 真空吸引式トイレの仕組み

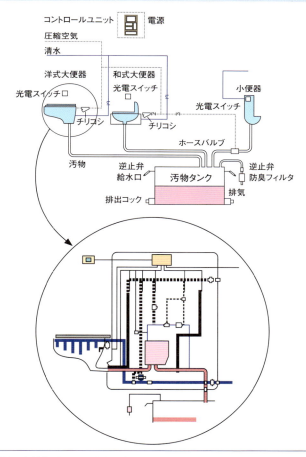

△ 最新の新幹線で採用される真空吸引式トイレ。汚物は少ない洗浄水で回収され、臭いも吸収されるすぐれものだ

参考：五光製作所Webサイト http://www.go-ko.co.jp/

6-7 新幹線のトンネルではなぜ携帯電話を使えるの？

　新幹線の車内の設備は、時代とともに変わっている。それをもっとも如実に反映している設備が**車内公衆電話**だ。車内公衆電話の歴史は古く、東海道新幹線の開業と同時にサービスが始まった。新幹線の電車は乗務員が使用するための列車無線装置を搭載している。この回線を公衆電話としても活用し、電話をかけることができるのだ。

　当初は1編成につき1台、しかも発信も受信も手動で、ビュフェの従業員が操作していたが、やがて自動化される。通話可能なエリアも当初は沿線の主要都市にかぎられていたものの、のちに全国各地へと広げられた。やがて、利用者の要望が高まり、1980年代に入ると列車無線装置の回線を増強する工事が行われて、電話機が増設される。1本の列車あたりで多いときには2両に1台の割合にまで増やされた。

　ところが、1990年代以降、**携帯電話**の普及によって、車内公衆電話の利用者は減ってしまう。電話機の数は減らされ、いまでは4〜6両に1台程度の割合となった。街中の公衆電話が次々に撤去されていったのと理由はまったく同じである。

　携帯電話の時代となったから、JR各社は電話サービスに関して力を注がなくてよいかというとそうでもない。列車が長いトンネルに入ると携帯電話の電波が届かなくなるため、通話が不可能となるケースが多い。東海道新幹線などではトンネルの前後に携帯電話の**アンテナ**を建て、トンネルの内部に電波を送って通話できるようにした。目立たないが有用な設備だといえるだろう。

第7章 運転の科学

7-1 新幹線の運転室にはどんな機器があるのか?

　先頭車の最前部に設けられた「**運転室**」とは、運転士や車掌が乗務し、さまざまな機器を作動させるためのスイッチ類が設置された場所を指す。新幹線の車両にはさまざまな系列があるが、運転室の構成は基本的に同じだ。

　運転士が運転操作を行うデスク状の運転台の上には2本のハンドルが並んでいる。右手で操作するものは「**主幹制御器ハンドル**」と呼ばれ、引けば加速力が増し、押せば加速力が鈍る。一方、左手で操作するものは「**ブレーキハンドル**」という。こちらは左に回すとブレーキが作動し、右に回すとブレーキが緩んでいく。

　2本のハンドルの奥には速度計が置かれている。新幹線の電車の速度計は、たんにいま何km/hで走っているのかを示すものではない。ATC(自動列車制御装置)の働きによって得られた信号の内容も表示される。そのほか、運転台には個々の車両の状態や現在の車両の位置などを表示するモニター装置など、さまざまな機器類がぎっしりと並ぶ。

　運転室側面の開き戸の近くには、車掌が操作するための戸閉め装置のスイッチが設けられた。そのそばには緊急時に列車を止めるための**緊急ブレーキスイッチ**もある。

　先頭部分のもっとも前に収められているのは連結器だ。カバーを開けて連結器を引きだすと、ほかの車両と連結することができる。このほかは、ATCの車上装置くらいしか入っていない。先頭部分は機械が詰め込まれているというイメージに反し、意外にがらんどうとなっている。

運転の科学　第7章

写真提供：時事通信社

⌃ 0系の運転室（上）とN700系の運転室（下）。N700系は複数の液晶ディスプレイなどが装備されており、格段にデジタル化が進んでいる。設計にあたっては実物大模型をつくって運転士のアイデアを採り入れたという

写真提供：時事通信社

7-2 なぜ線路際に信号機がないのか？

　新幹線の車両は超高速で走行するため、線路際に建てられた信号機を確認しながらの運転は困難だ。そこで、信号機は運転室に設けられた。これを「車内信号機」という。

　信号の内容は青、黄、赤といった色ではなく、制限速度として速度計に表示される。その時点でだしてよい速度が数値あるいは棒グラフによって示され、運転士はこの速度を超えないように主幹制御器ハンドルを調節して車両を動かす。もちろん、常に制限速度近辺のスピードをださなければならないということもない。

　運転士は、到着予定時刻と現在の車両の速度、そして現在地といった情報を頭に入れながら速度を調節する。腕の見せどころだといってよい。

　もしも車両が制限速度を超えてしまったら非常に危険な状態となる。そこで、新幹線鉄道直通線である山形新幹線と秋田新幹線を除く新幹線鉄道と博多南線、上越線越後湯沢～ガーラ湯沢間には、ATC（Automatic Train Control device：自動列車制御装置）が採用された。この装置は、列車の速度を自動的に制限速度以下に制御する。制限速度を超えてしまった場合はブレーキが作動し、制限速度以下となればブレーキが緩む。

　なお、新幹線鉄道直通線では車両の速度が遅いので、地上に建てられた信号機を確認しながら運転操作を行う。こちらには、停止を示す信号に接近すると、自動的に列車を停止させるATS（Automatic Train Stop device：自動列車停止装置）が設置され、安全が保たれている。

運転の科学 第7章

⚠ 東海道新幹線を行くN700系の運転室。270km/hは雨粒すら飛んでいくほどの速さなので、地上に建てられた信号機を確認しながら運転するのは困難だ

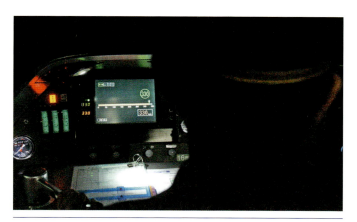

⚠ N700系の速度計に信号が表示されたところ。丸囲みの数値がATCによる制限速度で、下の数値が実際の速度である。ちなみに330km/hとは、2009年にJR東海が走行試験を行ったときのものだ

写真提供：JR東海

7-3 3つのモニター装置にはどんな情報が表示される?

　新幹線の運転台の速度計に隣接して、5〜7インチほどの液晶画面が表示される装置が2つ設けられている。この装置を「**モニター装置**」という。

　モニター装置に表示される情報は多岐にわたる。まず、車両に関する情報として、各車両に搭載した機器の**作動状態**がこと細かく表示されていく。もしも機器に異常が認められた場合、モニター装置は警告を発するだけではない。モニター画面に指を触れたり、必要な機器のスイッチを入れることにより、自動的に機器の状態がリセットされたり、作動しなくなった機器の代わりにバックアップの機器が働きだす。いまでは、故障した機器の場所に運転士がおもむかなくとも、ほぼ運転室にいながらにして機器のトラブルに対処することが可能となった。

　このほか、モニター装置は次の駅あるいは50km程度先までの**線路の情報**を刻一刻と伝える役割も果たす。新幹線は、駅と駅との間の距離が離れているため、かつてはどの程度の速度で走れば駅に定時に到着または通過できるのかは運転士の技量に任されていた。しかし、車両の最高速度が向上し、列車の運転間隔が縮まると、運転操作はとてもシビアなものになり、運転士個人の能力だけではなかなか難しい。

　そこで、モニター装置には**ナビゲーションシステム**と呼ばれる機能が搭載された。画面には通過時刻も含めた詳細な時刻表、それに駅まであと何kmあるのかが表示され、到着予定時刻をもとに作成された地点ごとの通過予定時刻といった情報が運転士

に伝えられる。電力費を節約するため、どの地点で加速をやめればよいかまで表示される至れり尽くせりぶりだ。

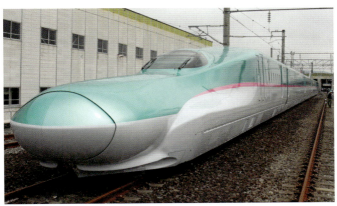

JR東日本のE5系の先頭車両（上）と運転室（下）。運転室に3基並んだモニター装置には、速度やATCの信号をはじめ、車両の状態や線路の情報などが表示される仕組みだ

写真提供：時事通信社

7-4 30km/h以下のときはATCを解除して手動に

　新幹線鉄道（博多南線、上越線越後湯沢～ガーラ湯沢間を含む）の運転操作の方法は、どの路線も同じだ。前に述べたとおり、運転士は、速度計に表示されたATC（自動列車制御装置）の制限速度を参考に、主幹制御器ハンドルを引いて車両を加速させる。もしも制限速度を超えてしまった場合は、ATCが自動的にブレーキを作動させ、車両の速度を制限速度以下にまで落としてしまう。

　駅に停車するときの運転操作は多くの部分が自動化されている。ATCは、車両の速度を最高速度からプラットホームの停止位置直前での30km/hまで下げていくのだ。しかし、そのままATCにブレーキを任せていると、停止位置より手前に止まってしまう。そこで、運転士は車両の**速度が30km/hまで落ちたらATCによるブレーキを解除**して、停止位置まで車両を進める。そして、停止位置にピタリと止まるよう、手動でブレーキハンドルを操作するのだ。

　新幹線鉄道直通線の山形新幹線と秋田新幹線では、車両の運転操作はすべて手動で行われる。運転士は、線路際に建てられた信号機の表示やカーブなどでの制限速度に注意しながら、車両を加速させたりブレーキをかけるのだ。

　E2系、E3系、E4系、E5・H5系、E6系は、ほかの車両との連結や解放を繰り返す。一連の作業は自動的に行われ、駅に停車中に運転席からスイッチを作動させるだけで完了する。連結の際は併合スイッチを入れると、連結器のカバーが開いて前方に送りだされる。切り離す場合は分割スイッチを使う。連結器のロックが解除され、車両が動きだせば連結器が格納され、カバーも閉じる。

運転の科学 第7章

⌃ E2系「はやて」(右)とE3系「こまち」との連結の様子

写真提供：時事通信社

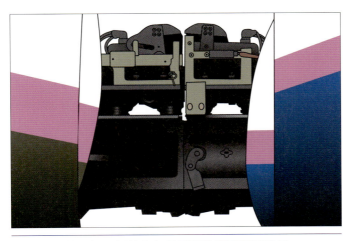

⌃ 下は密着連結器で車両同士を結び、上は電気連結器で電気回路を接続する

7-5 万が一の異常事態にはどうやって対応する?

　新幹線の車両を運転していると、さまざまな異常事態に見舞われることもある。たとえば、走行中に車両や線路の異常を感じたら、運転士は即座に「**非常ブレーキ**」を作動させて列車を止めなくてはならない。

　非常ブレーキは通常のブレーキよりも利き目が1.4倍あり、強い。電力回生ブレーキを用いずに摩擦力だけで停止するため、車両の電気機器に異常が発生しても確実に止められるという特徴ももつ。非常ブレーキの利きを高めるため、速度によって作動する力が異なる。というのも、300km/hの速度で最大限に強いブレーキを作動させても、車輪がロックして滑走(スリップ)するだけだからだ。おおむね、300km/hから70km/h程度までの間は連続的に利きが強くなっていくように設定され、70km/h以下となったら最大限のブレーキが作動するような機構が採用された。非常ブレーキを作動させたときには、摩擦力を増やすため台車からレールに向けて「**セラジェット**」と呼ばれるセラミック製の粉を自動的に噴射する仕組みをもつ車両も多い。

　車掌が異常を察知した場合は、乗務員室に設けられた「**緊急ブレーキ**」のスイッチを押し、車両を止める。緊急ブレーキは非常ブレーキと同じように摩擦力を用いたブレーキ装置を使用し、運転士が主幹制御器ハンドルを操作して車両が加速中であっても、作動するという特徴をもつ。車掌が緊急ブレーキのスイッチを入れると、車両の加速をつかさどる電気回路は自動的に切れ、空気ブレーキが作動する。緊急ブレーキも速度によって利きが異な

るが、非常ブレーキほどきめ細かく利きが変化する仕組みはもっていない。おおむね、一定の速度域に応じて利きが異なるように

図 セラジェットシステムの仕組み

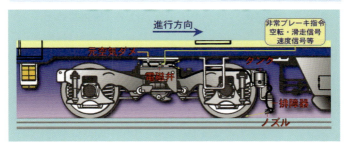

⚠ セラジェット（増粘着材噴射装置）は、車輪とレールの間にセラミックの粉を吹きつけることで摩擦力を高め、制動力を高めるシステムだ

図版・写真提供：鉄道総合技術研究所

設定されている。

　新幹線の列車が遭遇する異常事態のなかで、比較的発生する頻度が高いのは**車両の機能に生じた異常**だ。機器類が故障した場合、編成中のどの車両のどの機器が該当するのかが運転室のモニター装置に表示される。多くの機器は電気的に制御されて作動しているので、いったんスイッチを切ってもう一度起動させるといった処置を行う。それでも作動しない場合、ほかの機器によってバックアップを試みるのだが、バックアップも不可能ならば、機器を用いずに運転したり、あるいは運転を打ち切ってしまう。

　こうした判断は運転士の独断では行われない。車両に異常が発生したら、運転士は列車無線装置を通じて新幹線の列車の運転をコントロールする総合指令所の担当者と連絡を取り、報告とともに処置についての指示を仰ぐ。総合指令所の担当者は、車両の異常の程度が重く、これ以上運転するのは不可能だと判断したら、その旨を運転士に連絡し、代わりの車両を手配する。

第8章 線路の科学

8-1 ロングレールと伸縮継目の秘密

　新幹線の線路に敷設されている2本のレールは車輪を支え、誘導するという役割を果たす。車両が走行するためになくてはならない重要な部材だ。重い車両が超高速で走行するから、レールには強度と耐久性とが求められる。新幹線にかぎらず、鉄道のレールは「<u>高炭素鋼</u>」と呼ばれる鋼鉄を原料に、国内の名だたる鉄鋼メーカーによってつくられる。新幹線の営業列車が走る線路に用いられているレールは、1mあたりの重量が60kgと、もっとも重いレールが採用され、強度と耐久性とを確保している。

　レール1本の長さは25m、50m、150mだ。通常、継目ではレールの両側から継目板をはさんでつなぐのだが、気温の変動による伸び縮みを考慮してすき間が設けられているため、「ゴトンゴトン」とどうしても乗り心地が悪くなってしまう。新幹線の線路は継目を極力減らすため、レールを溶接して長さを1km以上とした「<u>ロングレール</u>」が採用された。JR各社は製鉄会社から納入されたレールを工場などで溶接し、長さ200mのレールとする。このレールを実際に敷設する場所まで運び、現地で溶接してさらに長いレールとしていくのだ。ロングレールの長さは新しい新幹線になるほど伸び、東北新幹線のいわて沼宮内～一戸間には60.415kmと日本一長いロングレールが敷かれている。

　とはいえ、ロングレールであってもどこかに継目は必要だ。そこで、継目となる部分のレールの先端を鋭く削り、同じように加工したもう1本のレールと斜めにつなぐ。このように、レールが伸び縮みしてもすき間が生じない継目を「<u>伸縮継目</u>」という。

線路の科学　第8章

図 伸縮継目の仕組み

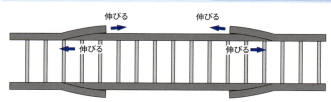

△ 斜めに切ってつなぐ伸縮継目。夏に高温でレールの長さが伸びても内側の線路は外側に食い込み、外側の線路は外向きに伸びるので、ゆがんだり、すき間ができたりはしない

8-2 新幹線の「道床」はなぜ2種類あるのか?

　鉄道の線路のうち、車両を支える部分を「軌道」という。新幹線にかぎらず、レールの下にはまくらぎがあり、その下には「道床」が設けられている。道床はレールやまくらぎを支え、車両の重さを道床の下に設置されている基礎部分の路盤へと分散して伝えるという役割を果たす。

　新幹線で見られる道床には**バラスト道床**と**コンクリート道床**とがある。バラスト道床とは、バラストと呼ばれる砂利をまき、その上にレールとまくらぎを敷設するというものだ。建設工事費が安価、そして騒音や振動が比較的低く、乗り心地がよいという利点をもつ。半面、レールやまくらぎはバラストの上に固定されずに載っているだけなので、車両がひんぱんに通ると前後、左右方向に狂いが生じてしまう。よく、朝と晩とでは乗り心地が異なっていると感じることがあるが、それはバラスト道床区間で狂いが発生したからだといってよい。東海道新幹線の大多数の区間で見られるが、メンテナンスに要する手間と費用がとても大きいため、山陽新幹線以降ではあまり用いられなくなった。

　コンクリート道床はバラスト道床の欠点を解消したものだ。新幹線の場合、まくらぎもやめてしまい、**スラブ**と呼ばれるコンクリートの板の上にレールを直接取りつけたスラブ軌道が主流となっている。建設工事費が高く、やや固い乗り心地となるが、メンテナンスの手間と費用がほとんどかからないという長所をもつ。バラスト道床と比べて強固なので、積雪区間で雪を溶かそうとスプリンクラーで大量の水をまいてもびくともしない。

⚠ バラスト道床は騒音や振動が少ないので乗り心地がよく、低い建設コストや水はけのよさがメリットだが、強度が低いのでメンテナンス代がかかる

⚠ コンクリート道床は強度があり、ゆがみにくいので高速運転に向く。半面、騒音や振動は大きくなりがちだ。写真はスラブ軌道で、コンクリートスラブがまくらぎに代わる役割を果たしている

8-3 どうして超高速で分岐できるのか？

　軌道を2つ以上に分ける部分を「分岐器」と呼ぶ。分岐器は、転換を行って車両の向きを変える「ポイント」と、2つの軌道が交差する「クロッシング」から成り立つ。営業列車が走る線路にある分岐器のポイントは、すべて遠隔操作で切り替えられる。

　分岐器にはレールの交差具合や曲がり方によってさまざまな種類のものが考案された。しかし、新幹線の営業列車が走る線路には「片開き分岐器」といって、直線の軌道からほかの軌道が左側または右側に分岐する分岐器しか存在しない。これは、直線部分を超高速で走行する列車に使用するための配慮である。

　ところで、通常はクロッシング部分にすき間があるため、超高速で通過すると大きな衝撃が生じてしまう。そこで、新幹線の分岐器には「ノーズ可動クロッシング」といって、レールが動いてクロッシング部分のすき間を埋める構造が採用された。

　ノーズ可動クロッシングの分岐器では、直線側はもちろん最高速度で、分岐側もより高速で通過できる。ちなみに、分岐側の制限速度が70km/hという分岐器を「18番分岐器」という。18番とは18m進んだときに2つの軌道が1m離れることを指す。新幹線でもっとも分岐側の制限速度が高い分岐器は「38番分岐器」だ。制限速度はなんと160km/hにも達する。全長は18番分岐器が64.2mのいっぽう、38番分岐器は134.8mと大変長い。この分岐器は上越新幹線の高崎駅構内の下り線に敷設された。ここから左側に北陸新幹線が分かれていくので、車両が高速で通過可能な分岐器が設置されたのだ。

線路の科学 第8章

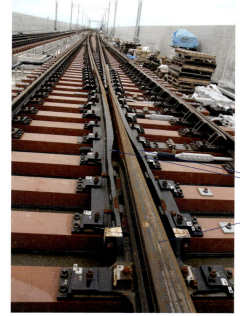

《 ノーズ可動クロッシングのノーズレール部分。ノーズレールが動いてウィングレールに密着するのですき間ができず、超高速での通過が可能になる

ウイングレール

ノーズレール

図 ノーズ可動クロッシングの仕組み

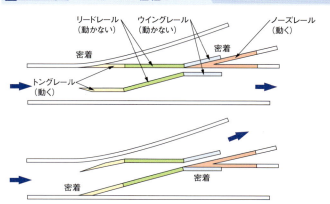

8-4 川や道路や線路を越えて新幹線を走らせる橋梁

橋梁(橋)とは水面や道路、線路などを越えていく構造物を指す。博多南線と上越線越後湯沢〜ガーラ湯沢間とを除く新幹線鉄道には2万8,845カ所に橋梁が架けられ、架道橋を除く総延長は1,021kmにも達する(2017年3月31日時点)。橋梁は、越えるものの種類によって呼び名は違う。水面を越えるものはたんに橋梁、道路をまたぐものは「架道橋」、線路を越えるものは「線路橋」と呼ばれる。

橋梁の構造は新幹線がつくられた年代によって違う。東海道新幹線では鋼鉄製の鋼橋がよく見られるが、山陽新幹線以降の新幹線ではコンクリート製のコンクリート橋が主流となった。鋼橋は腐食を防ぐために定期的なメンテナンスが必要なほか、強度の関係で道床を設けることができないものが多いため、騒音や振動が大きいという欠点をもつ。コンクリート橋ならばメンテナンスの手間が軽減され、道床も設けることができるのだ。

ちなみに、都市部に架けられた鋼橋のなかには、のちに外側に防音壁を設けたものも見受けられる。見栄えはあまりよくないし、メンテナンスもしづらい。

橋梁の仲間には「高架橋」もある。特に定義はないものの、ある程度の距離を連続して架けられた橋梁で、水面や道路、線路などをまとめて越えていく。東海道新幹線では都市部にしか建設されなかったが、山陽新幹線以降に開業した新幹線では郊外でも高架橋がつくられた。地平面に盛土という築堤を築いて線路を敷くよりも、取得する用地の面積が少なくてすむからだ。高架橋の総数は2,635カ所、総延長は609kmと結構長い。

線路の科学 第8章

橋梁

《 北陸新幹線の富山〜新高岡間に設けられた神通川橋梁（写真右）。いわゆる川を渡る橋梁である

線路橋

《 東海道新幹線の品川〜新横浜間に設置された品川線路橋。700系が東海道線の上を越えていく

架道橋

《 東海道新幹線の熱海〜三島間に架けられた冷川架道橋。東海道線の函南（かんなみ）駅近くに設けられている

高架橋

《 北海道新幹線の新青森〜奥津軽いまべつ間にかけては、高架橋が延々と続く。写真では1つの高架橋のように見えるが、川や道路を越える部分は橋梁、架道橋として独立した名前が付けられている

8-5 山をつらぬき海峡の下をくぐり抜けるトンネル

「**トンネル**」とは、海峡や山を越えるためにくぐり抜けていく構造物を指す。2017年3月31日時点で、新幹線鉄道（博多南線と上越線越後湯沢〜ガーラ湯沢間を除く）には、合わせて541ヵ所、総延長1,077kmのトンネルが設けられている。

トンネルでは、景色を眺められないため、利用者にとってあまりありがたくない代物だが、鉄道事業者側にはメリットが多い。まず、入口や出口付近を除いて用地を取得する必要がないから、手間と費用とを節減できる。また、上越新幹線のように豪雪地帯を行く新幹線では、トンネル区間とすれば雪害を防ぐことができるので、積極的にトンネルが設けられた。

新幹線のトンネルのなかでもっとも長いのは北海道新幹線の奥津軽いまべつ〜木古内間にある海底トンネルの「青函トンネル」で、長さは53.85kmに達する。陸上にあるトンネルでは東北新幹線の七戸十和田〜新青森間の八甲田トンネルで、長さは26.46kmだ。

トンネルの入口や出口の周りにさまざまな付随物をもつものも多い。もっとも多いのは「**トンネル緩衝工**」といって、コンクリート製の筒でトンネル付近を覆ってしまう構造物だ。これは超高速で走行する車両がトンネルを通過する際に発する衝撃音を緩和する効果がある。一方、積雪区間では「**スノーシェッド**」と呼ばれる雪崩除けも設けられた。こちらもトンネル緩衝工とよく似ているが、雪崩に耐えるため、非常に強固につくられている。豪雪地帯では、トンネル以外の区間でもトンネルのような壁に覆われた線路が多い。こちらは線路を雪から守る「**スノーシェルター**」という。

トンネル緩衝工

⌃ 開口部はトンネル本体よりも断面積を大きくしてある。空気を逃がして圧力を低減させ、トンネル微気圧波を緩和するためだ。写真は東北新幹線の七戸十和田～新青森間にある「細越トンネル」の七戸十和田駅寄りの入口

スノーシェッド

⌃ 上越新幹線の上毛高原～越後湯沢間にある大清水（だいしみず）トンネルの越後湯沢駅寄りの入口。雪崩から線路を守るためにスノーシェッドが設けられた

8-6 騒音を減らすために日夜研究が行われている!

　新幹線は住宅地を走るとき、騒音や振動の値をそれぞれ70デシベル（dB）以下に抑えなければならない。車両から生じる騒音の多くは「風切音」で、車体の突起を減らすことが効果的だ。そのためパンタグラフや台車、床下の機器はカバーで覆われ、窓や戸は車体表面とほぼ同一面上に装着されている。パンタグラフは16両編成中、8基搭載していたが、いまでは2基と、数自体も減らされている。

　振動は車体の軽量化で基準値をクリアした。軽い車体にはアルミニウム合金の採用が手っ取り早い。近年の新幹線車両がすべてアルミニウム合金製なのは、環境面への配慮でもある。

　線路側にも対策が必要で、騒音防止対策としてもっとも一般的、かつ効果的なものは「防音壁」だ。防音壁を大別すると「直型」「干渉型」「逆L字型」の3種類となる。直型は高さ2mの壁を垂直に立てて音を外に漏らさないようにするもの。近年は壁の内側に吸音材を貼りつけるといった方策も施されている。干渉型は音の屈折や干渉原理を利用して騒音を減らす防音壁だ。加工された金属板を直型の外側に取りつけたものが一般的である。逆L字型は、車体の下部をすっぽりと覆うような形状をもつ。騒音をシャットアウトする効果は抜群だが、高さが5mと巨大で、沿線の日照を阻害したり電波障害を引き起こすなど、ほかの面で環境を悪化させてしまう。このほか、線路から発生する構造物音を減らす工夫や、パンタグラフと接触する架線を重く、張力のあるものに交換して騒音を防ぐなど、細かな対策も数多い。

図 新幹線がだすさまざまな騒音

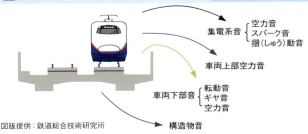

図版提供：鉄道総合技術研究所

図 騒音の源となる車体の場所

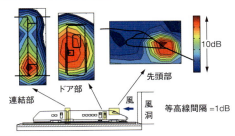

図版提供：鉄道総合技術研究所

図 構造物音を減らす技術

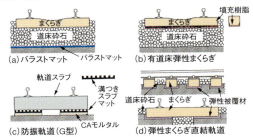

図版提供：鉄道総合技術研究所

図 さまざまな防音対策

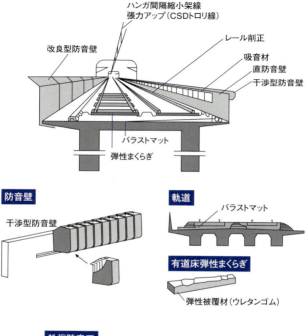

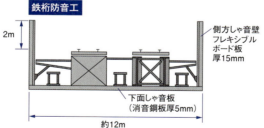

参考:『新幹線の30年』(東海旅客鉄道新幹線鉄道事業本部、1995年2月)

第9章 安全の科学

9-1 乗客の安全を守るATC（自動列車制御装置）とは？

　新幹線の信号保安装置の要は、「ATC」（Automatic Train Control device：自動列車制御装置）だ。ATCとは列車の速度を自動的に制限速度以下に制御する装置を指す。駅や線路に設置された「地上装置」と、車両に搭載の「車上装置」とで構成される。地上装置は、一定の区間内に列車が存在することを察知すると、後方の列車に向けて速度を落とすように指示するATC信号を流す。車上装置は、レールを通じて流れているATCの信号電流をキャッチし、運転室の速度計に制限速度として表示する。

　当初、ATCの地上装置は、前方の列車に対して何区間離れているかを判別して段階的に信号を送っていた。車両のすぐ後方の区間ならば制限速度は30km/h、2つ後方ならば110km/h、3つ後方ならば160km/hというぐあいにだ。これを「アナログ式のATC」という。だが、速度が下がってはブレーキが緩み、再度ブレーキが作動と、乗り心地が悪い。さらに、車両のブレーキ力に関係なく一律に速度を制御するので、列車の運転間隔を詰めづらい。

　そこで近年は「デジタル式のATC」に置き換えられた。ATCの地上装置が後方の列車に対してATC信号を送ると、車上装置は前方の列車との距離、そして車両のもつブレーキ力を判断し、速度照査パターンといって、運転室の速度計に制限速度を連続的に表示する。デジタル式のATCでは1度または2度のブレーキだけで停車できるため、乗り心地は向上し、列車の運転間隔も短縮させられるようになった。

安全の科学　第9章

図 デジタル式のATCの動作の仕組み（JR東日本の場合）

駅に停車するまでのATCの動作

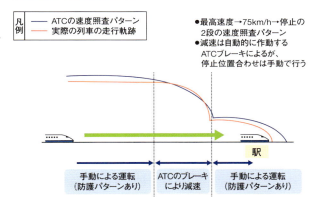

- 最高速度→75km/h→停止の2段の速度照査パターン
- 減速は自動的に作動するATCブレーキによるが、停止位置合わせは手動で行う

先行列車に接近したときのATCの動作

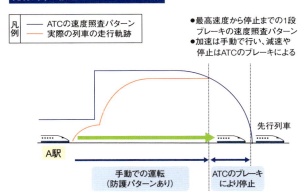

- 最高速度から停止までの1段ブレーキの速度照査パターン
- 加速は手動で行い、減速や停止はATCのブレーキによる

参考：『デジタル伝送技術を用いた新幹線ATCシステム（DS-ATC）』長谷部和則・市原良和・横山啓之、『Rolling Stock & machinery』（日本鉄道車両機械技術協会、2002年12月号）

9-2 すべての新幹線を管理するCTC（列車集中制御装置）とは？

　新幹線のすべての列車の運転は、「CTC」(Centralized Traffic Control device：列車集中制御装置）によって管理されている。CTCとは、列車が運転されている区間のすべての分岐器の転換を1カ所の施設で行い、列車の運転を指示する装置を指す。

　CTCは列車がどの位置に存在しているのかを、レールに流れている信号電流をもとに判別する。信号電流は一定の区間ごとに流れており、金属製の車輪が信号電流に触れてショートすることで、どの区間に進入しているのかがわかる。またCTCは、存在している列車がなんという列車かを表示する機能ももつ。運転士は運転室で列車番号設定器を操作して各列車固有の列車番号を入力すると、その情報が軌道に設けられた受信器を通じて伝えられる。

　これらの結果は業務室の壁一面を埋めつくす制御盤あるいはコンピューターのモニター装置に表示される。列車の運行を管理する運転指令員は、CTCによる表示を見ながら、該当する列車の出発時刻になったら進路を設定していく。すると、CTCは遠く離れた分岐器の転てつ器に向けて転換を指示する信号を送る。正しい向きに変わったらその結果はあらためてCTCに伝えられ、同時にCTCはATC（自動列車制御装置）に向けて結果を伝送していく。こうして進路が設定されると同時に、ATCが信号を表示できるのだ。CTCはATCともども東海道新幹線の開業と同時に導入され、超高速で運転される列車の運転を効率よく管理できるようになった。なお、現在はCTCに対して指令員が行う作業も自動化され、異常時以外は手動での操作は行わない。

安全の科学 第9章

図 CTCの仕組み

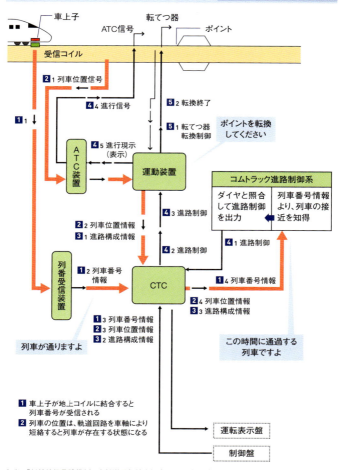

参考：『新幹線信号設備』（日本鉄道電気技術協会、2002年4月）

9-3 場所は極秘の総合指令所とは？

　今日の新幹線は、どの路線も列車の本数が増え、停車駅もまちまちとなった。従って、運転指令員が手動でCTC（列車集中制御装置）を操作して列車の運行を管理することはほぼ不可能に近い。そこで、コンピューターを用いて列車の進路を自動的に制御する仕組みが開発された。それが東海道・山陽新幹線に導入されている「COMTRAC（コムトラック）」（COMputer aided TRAffic Control system：新幹線運転管理システム）である。

　COMTRACは、列車のその日の運転計画をもとに自動的に分岐器を転換し、列車を出発させていく。CTCをコントロールすると同時にATC（自動列車制御装置）とも連携を取り、列車が適正に運転されているかどうかを監視するシステムだ。

　なんらかの事情で列車に遅れが生じた場合、COMTRACは運転指令員に警告を発し、遅れを復旧するための代案を提案する。場合によっては自動的に新たな進路を構成して正常運転に戻す。

　JR東日本の新幹線には、COMTRACを一歩進めた「COSMOS（コスモス）」（COmputerized Safety Maintenance and Operation systems of Shinkansen：新幹線総合システム）が導入された。こちらはCOMTRACによる列車の運行管理だけでなく、旅客営業、車両の検査や修繕状況、施設、電力、信号通信といった分野も一括して管理するシステムだ。

　COSMOSはCOMTRACの機能に加え、駅の案内表示器や放送装置を制御したり、車両の検査状況をもとに故障した際の対策を立てたり、線路をどのようにメンテナンスしていくべきかを

提案するといったことも行う。COSMOSのおかげで、JR東日本の新幹線の列車は途中駅での連結や解放といった複雑な運転が可能となったのである。

新幹線の頭脳「総合指令所」

　列車を運行し、異常が発生した際の対応は、地上に配置された各部門の担当者が指揮命令、略して指令を行うことで円滑に進められる。新幹線の場合、列車のスピードが速く、なおかつ長距離を走っているため、さまざまな部門の指令系統を1カ所に集めて総合的に指令を実施する体制が整えられた。このようにして設置された施設を「**総合指令所**」という。

　総合指令所は旅客、列車、運用、施設、電力、信号通信の6部門から成り立つ。旅客指令は利用者の輸送に関する手配を担当し、列車指令は列車の運転を常時監視して、異常が発生すれば復旧に努める。異常時に車両や乗務員の運用計画を変更、設定するのが運用指令、天候に気を配り、施設の状況を随時監視しているのが施設指令だ。電力指令は変電所や架線、その他の電力施設を、信号通信指令はATCやCTC、COMTRACやCOSMOSをそれぞれ監視する。

　各部門の指令員はそれぞれの現業部門の担当者から情報を収集し、ほかの指令員の協力も仰ぎながら、現業部門の担当者たちに指示をだしていく。業務は列車が運転されている時間帯だけ行われているのではない。車両や施設のメンテナンスが実施されている深夜も指令員が業務に就く。新幹線の頭脳というだけあって、総合指令所ではすでに紹介したCTCやCOMTRAC、COSMOSが稼働しており、場所も明らかにされていない。

⚠ 総合指令所が機能を失うと新幹線の列車を運行できなくなるため厳重に警備され、場所も非公表。東海道・山陽新幹線はバックアップのための第2総合指令所をもつ

写真提供：JR東海

安全の科学 第9章

9-4 列車無線装置は運転士と連絡するだけではない！

　新幹線には、走行中の列車と地上との間の通信手段として「**列車無線装置**」が導入されている。列車無線装置はラジオの放送局といってもよいほどの大がかりなシステムから構成される。

　まず、新幹線の線路際には、音声を中継する基地局が多数設けられている。総合指令所と各基地局との間は光ファイバーケーブルで結ばれ、各基地局から線路に沿って「**LCX**」（Leaky Coaxial Cable：漏洩同軸ケーブル）が張りめぐらされている。LCXは列車からの音声信号やデータを受信して総合指令所へと伝えると同時に、列車に向けて総合指令所からの情報を送信する役割を果たす。

　LCXは多数の回線をもち、音声系の回線とデータ系の回線とに分けられる。音声系として挙げられるのは、運転士と総合指令所の指令員との間で連絡を取るための専用直通回線である「**運転指令系**」、車掌と総合指令所の指令員との間で連絡を取るための専用直通回線である「**旅客指令系**」、運転士や車掌が地上の業務機関との連絡を取るための「**業務電話**」、総合指令所からラジオ放送を車内に伝える「**ラジオ再放送**」だ。

　一方、データ系の回線には、車両の状態や車両が計測した軌道のデータを総合指令所に送る「**データ系専用**」、総合指令所からの情報や文字ニュースを送る「**データ系汎用**」が挙げられる。

　音声系の回線では1対1での交信機能のほか、総合指令所の指令員から運転中のすべての列車をいっせいに呼びだす機能ももつ。従来は音声系はアナログ回線、データ系はデジタル回線を用いて

いたが、音声系もデジタル化が進められている。デジタル化によって音声が聞き取りやすくなり、また盗聴がほぼ不可能になるというぐあいに、セキュリティー面でも向上が図られた。

図 新幹線の通信システム

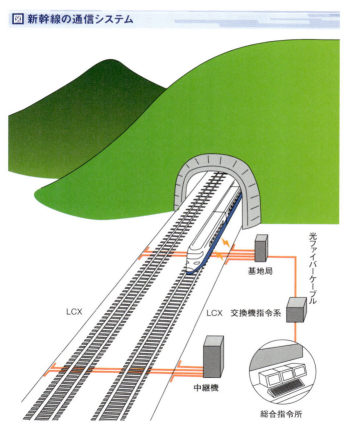

参考:『新幹線の30年』(東海旅客鉄道株式会社新幹線鉄道事業本部、1995年2月)

9-5 黄色い車体で走り回る新幹線は何者なのか？

　新幹線の列車は絶えず超高速で走っているために、線路や施設は大きく消耗し、また時間とともに精度に狂いが生じてくる。特に車両が触れている軌道や架線、それに常に稼働している信号保安装置はひんぱんに検査し、正常な状態に保たれているかを確認しなければならない。

　ところが、新幹線の線路は長大なため、担当者が目視でチェックしていては膨大な手間と時間とを費やしてしまう。そこで、検査と測定を専門に行う車両を走らせて確認することとした。

　このような車両は東海道・山陽新幹線では「**電気軌道検測車**」(通称、**ドクターイエロー**)、東北・上越・北陸・北海道・山形・秋田新幹線では「**電気・軌道総合検測車**」(通称、East i)と呼ばれる。九州新幹線では、営業用車両に機器を積み込んで検査や測定を行う。

　ドクターイエローやEast-iといった検測用の車両には軌道や電力、信号通信に関する担当者が乗り込み、モニター装置に映しだされる映像や測定装置が出力するデータを監視しながら検査と測定を実施する。新幹線の場合、これらの車両は日中、営業列車が走行している時間帯に走っている。深夜は線路のメンテナンスに充当するために空けておかなくてはならないからだ。従って、検測用の車両は営業列車と同じ最高速度で走行可能な性能をもつ。

　検測用の車両による線路の検査と測定は10日から1カ月に1回程度の頻度で行う。中間の駅では通過線と待避線との双方に入線しなければならないため、運転パターンは主要駅に停車するものと各駅に停車するものとの2種類が設定される。

⌃ ドクターイエローは700系をベースにつくられている。軌道の検査は、床下の光式レール変位センサーがキャッチしたレーザービームの反射光を用いてゆがみを確認する

撮影：SENNIN

⌃ 新幹線、ミニ新幹線区間を点検するEast iは、E3系をベースにつくられている。軌道、電気設備を定期的に点検しているほか、ATCを検査、測定する機能も確認している

撮影：里見光一

9-6 さまざまなメンテナンスで安全が確保される新幹線

　新幹線の車両は超高速で走行するため、車体や機器の傷みが激しい。このため、適切な検査を実施して安全な運転に努めなくてはならない。検査はJR各社の「**独自検査**」と、国土交通省が定めた「**法定検査**」の2種類がある。検査が実施される場所は、どちらも車両を保有するJR各社の車庫、あるいは検査修繕施設だ。

　JR各社の独自検査にはさまざまなものがあり、なかでも「**仕業検査**」は一般的である。仕業検査は2日程度に1回の頻度で行われるもので、車両の状態を目視で確認する作業がおもな内容だ。運転室に備えつけられているモニター装置で機器の作動状況を確かめたあと、係員が全車両をくまなく回って、実際に機器の状態を確認していく。所要時間は2時間ほどだ。

　国土交通省が定めた法定検査は「**状態・機能検査**（JR各社の呼び名は**交番検査**）」「**重要部検査**（同**台車検査**）」「**全般検査**」である。

　状態・機能検査は、30日または走行距離3万km以内（JR東海は45日または走行距離6万km以内）に行う検査だ。仕業検査のように目視で確認すると同時に、重要な部分は作動させ、不規則にすり減った車輪を研磨するといったメニューも加えられる。所要時間は8時間ほどだ。

　重要部検査では台車を分解し、車輪や車軸、モーター、空気ブレーキ装置などの検査と修繕を念入りに施す。また、車輪や車軸についた傷の有無は超音波で探す。1年6カ月（製造直後の車両については使用開始から2年6カ月）または走行距離60万km以内に行う必要があり、所要時間は10日から半月程度である。

全般検査はもっとも規模が大きな検査で、3年（製造直後の車両については使用開始から4年）または走行距離120万km以内で行う。台車はもちろん、そのほかの機器も可能なかぎり分解して検査を実施する。こちらは約半月を費す。

これらの検査のほか、JR各社は独自に臨時検査も実施する。車両の故障や新製、改造、休止時に必要に応じて行うものだ。

表 新幹線に施されるメンテナンスあれこれ

検査の種類①	検査の種類②	頻度	作業時間
JR各社の独自検査	仕業検査	2日に1回程度	約2時間
国土交通省が定めた法定検査	状態・機能検査	30日または3万km以内（JR東海は45日または6万km以内）	約8時間
	重要部検査	1年6カ月（製造直後の車両は使用開始から2年6カ月以内）または60万km以内	約半月
	全般検査	3年（製造直後の車両は使用開始から4年以内）または120万km以内	約半月

700系が福岡県筑紫（ちくし）郡那珂川（なかがわ）町にあるJR西日本の博多総合車両所で全般検査を受けている様子。こうして新幹線の安全は保たれている

写真提供：時事通信社

9-7 新幹線の軌道はメンテナンスが欠かせない

9-5で述べたように、検査、測定用の車両で線路の状態を把握したら、今度は修復作業に取りかかる。もっとも大がかりな修復作業が行われるのは「軌道」そして「架線」だ。まずは軌道から見ていこう。

軌道の場合、バラスト道床かコンクリート道床かで修復作業の内容は大きく異なる。やはり、バラスト道床のほうが作業に要する工程も手間も多い。バラスト道床は盛ってあるバラストが崩れていくことで軌道の狂いが生じる。そこで「マルチプルタイタンパ」という自走可能な機械を用いて崩れたバラストをかき集め、突き固めていく。このような作業が1年に1回以上は行われることになっている。

さて、バラスト自体が摩耗してしまうと、どのように修復しても狂いは直らない。寿命を迎えたバラストは「バラスト更換車（こうかん）」によって取り換えられる。一方、コンクリート道床ではバラストのように崩れていく部分がないため、メンテナンスは比較的容易だ。それでも狂いが生じることもあるため、レールとコンクリートのスラブとの間にゴム製のパッキンをはさんで調節する。

車輪によってレールの表面に凹凸や傷がつくと、走行抵抗が生じるし、騒音も大きくなり、レールの寿命も縮む。そこで、レールにやすりを当てて削っていく「レール削正車（さくせい）」を用いてなめらかに仕上げる。こちらも1年に1回の頻度で実施される決まりだ。レールの頭部が11mm摩耗したら交換される。ロングレールの場合、何kmものレールを一気に取り換えるのではなく、摩耗した部分だけを切断し、もう一度溶接し直す。

安全の科学 第9章

⌃ 線路の歪みを直すマルチプルタイタンパ。このあと、道床整理車（KVP）が道床整理を行い、道床安定作業車（DTS）が、工事直後の軌道を安定させる

写真提供：JR東海

⌃ レールに凹凸があると走行時の騒音が増えたり、線路の「きしみ割れ」が発生することもあるので、レール削正車で研磨する。東海道新幹線では年に1回、削正が行われる

写真提供：JR東海

9-8 架線や電柱、トンネルや橋の点検も定期的に行われる

今度は「**架線**」の修復作業を見ていこう。架線はレールとは異なり、一部でも摩耗して交換が必要となったら、すべての部分を取り換えなくてはならない。とはいうものの、架線は全線を通して張られているのではなく、およそ1kmごとに区画を設けて張られているから、1km分だけ換えていくこととなる。

架線の交換作業に活躍するのは「**架線延線車**」だ。架線延線車は古い架線を巻き取り、新しい架線を規定の力で張るという作業を自動的に行う。1分あたり40mの架線を巻き取る能力、または張る能力をもつ。

架線を支えている電柱や支持物の検査は「**検測車**」によるデータからもある程度はできるが、多くは徒歩による見回りで行われている。検査の結果、修復作業が必要となったら「**高所作業車**」に担当者が乗り込み、必要な高さまで作業台を上げたあとにメンテナンスを行う。軌道や架線の修復作業が実施されるのは、列車が運転されていない深夜の時間帯だ。もちろん、急を要するメンテナンス作業は列車の運転を止めてでも実施される。

ところで、検査や修復作業が必要なのは軌道や架線だけではない。トンネルや橋梁といった構造物も法令で検査が定められており、検査の結果に応じて修復作業も行われる。構造物の検査や測定の多くは「**打鍵検査**」といって、力のかかる部分をハンマーでたたき、熟練の担当者が音を聞き分けながら異常を察知する。修復は補強工事が主体となる。こちらも作業は深夜となることが多いが、列車に注意しながら日中に行われることも多い。

安全の科学 第9章

《 架線延線車。新幹線の古いトロリ線を巻き取って撤去し、新しいトロリ線を張る。1編成は6両だ

写真提供:新潟トランシス

《 トンネル点検車。新幹線が通るトンネルの、「覆工コンクリート」を検査・修理できる。アーチ部検査台、接合部検査台、昇降旋回作業台が装備され、反対側の線路側の壁面も点検可能だ

写真提供:新潟トランシス

施設		基準期間※1	許容期間※2
線路	軌道のうち、列車が走行する本線の軌道狂い	2カ月	14日
	軌道	1年	1カ月
	橋梁、トンネル、その他構造物	2年	1カ月
電力設備※3	異常時に変電所の機器、電線等を保護するための装置	3カ月	14日
	架線や架線に電力を供給するき電線のうち、接続個所や区分個所、交差個所	6カ月	30日
	上記以外の電力設備	1年	1カ月
運転保安設備※3	列車間の間隔を確保する装置や転てつ器の主要部分	3カ月	14日
	鉄道信号を表示する装置や信号相互間を連鎖させる装置、保安通信装置	6カ月	30日
	上記以外の運転保安設備	1年	1カ月

※1 検査を受けるまでの期間
※2 基準期間を過ぎてから実際に検査を行うまでの期間
※3 車庫などを除く

9-9 天災による大きな被害を回避するための仕組み

　新幹線の線路は長い距離にわたって敷かれているため、さまざまな災害の影響を受けやすい。このため、線路脇あるいは線路の周辺には、**風速計**、**風向計**、**降水計**、**震度計**を設けて、線路の気象や自然状況をつぶさに測定している。

　風速や降水量、降雪量がいずれも基準となる値を上回った場合、これらのデータは総合指令所に即座に伝えられる。CTC（144ページ参照）の制御盤には警告が発せられ、指令員は列車を徐行させたり、停止させるといった措置を講ずる。しかし、観測データを注視しているだけではまにあわないケースもでてしまう。たとえば、がけ崩れなどで線路が土砂に埋もれてしまったといった場合だ。このようなときは線路に設置されている**防護装置**が働き、周囲の列車を自動的に停止させる仕組みが採用されている。

　防護装置は人が作動させることも可能だ。線路を見回る担当者が異常を発見したときも、各所に設けられた防護装置のスイッチを押すことで、列車を自動的に停止させられる。

　新幹線が受ける天災のなかで、もっとも恐ろしいものは地震だ。そこで、新幹線が震度4相当の揺れを感じると、自動的に架線への送電を止め、列車を停止させる仕組みが採用された。これを「新幹線早期地震検知システム」（JR東日本での呼び名）などという。

　このシステムは沿線の各所に設けられた震度計、そして総合指令所や変電所との間に張りめぐらされた通信ケーブルとで成り立つ。地震が起きると先行してP波と呼ばれる初期微動が伝わり、続いてS波や表面波と呼ばれる主要動が到達して被害をもたらす。

つまり、P波を検知し、S波や表面波による揺れが到達する前に送電を停止するシステムだ。

ただし、震源地が線路に近い直下型地震では、P波とS波、表面波がほぼ同時に到達するため、列車が非常ブレーキを作動させていても、停止までに大きな揺れを受けてしまうことがある。2004年の新潟県中越沖地震によって上越新幹線の列車が脱線した事故も、まさにこの直下型地震がもたらしたケースだ。

そこで、送電停止から非常ブレーキが作動するまでの時間を約4秒から約3秒へと短縮したり、車両やレールに脱線防止の金具やガードを取りつけるといった対策が施されている。

図 JR東海の新幹線脱線・逸脱防止対策

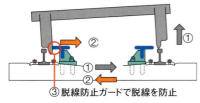

脱線防止ガード

①地震で線路が左右に揺れると、一方の車輪がレールと衝突し、反動で反対側の車輪が浮き上がる
②この状態で線路が逆に動くと脱線が生じる(ロッキング脱線)
③浮き上がった車輪の反対側の車輪はレール上に載っているため、この車輪の横方向の動きを脱線防止ガードが止めることで脱線を防ぐ

逸脱防止ストッパ

逸脱防止ストッパを車両の台車中央部に設置し、万が一脱線した場合でも、ストッパが脱線防止ガードに引っかかることで、車両が線路から大きく逸脱するのをできるだけ防ぐ

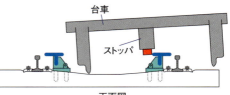

正面図

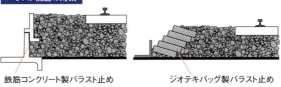

☆ バラスト軌道の外側に壁を設けて、地震時のバラストの流出を防ぐ

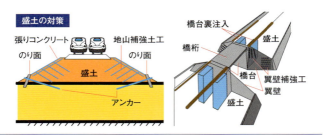

☆ 盛土の「のり面」を補強し、地震時の盛土の変形で生じる沈下を抑える（左）。橋台裏（盛土と橋梁との境界部）にセメントミルクを注入するなどの方法で盛土を固め、地震時に橋台裏での盛土沈下で生じる段差を抑える（右）

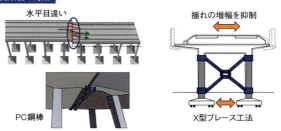

☆ 隣り合う高架橋を連結して、地震時に高架橋間で生じる「水平目違い」を抑制する（左）。高架橋の柱にX型の補強を施し、地震時の高架橋上での揺れの増幅を抑える（右）

参考：「東海道新幹線における地震対策について」の別紙資料（JR東海）

第10章 乗客サービスと運行

10-1 自動改札機の利用状況は車掌にも伝えられる！

　列車を利用するには、購入した切符を駅の乗り場で提示し、使用可能な状態とする。これを「改札」という。また、列車が目的地の駅に到着したら、駅の降り場で切符を駅員に渡す。こちらは「集札」という。

　改札や集札を行う場所は「改札口」と呼ばれる。

　新幹線と在来線とがいっしょに発着する駅の場合、改札と集札のシステムは少々複雑だ。在来線の改札口では乗車券だけが扱われ、特急券は新幹線専用の改札口で扱われる。

　つまり、同じ駅でありながら、改札口が二重に設けられているのだ。

　ただし、新幹線に直接乗り降りするための改札口では、乗車券と特急券との改札や集札が実施されているため、二度手間とはならない。

　現在、新幹線の駅の改札口の多くは機械化が進んだ。自動的に改札や集札を行う「自動改札機」の導入が進んだのである。

　新幹線の駅の自動改札機の機能は、利用者が正しい切符を携えているかを確認するだけではない。特急券をもっている人が、いつ、どの駅の自動改札機を通ったのかも確認し、その結果を通信回線を通じて、車掌が携えている車掌用携帯端末機へと伝えられる。

　この結果、車掌は指定席車の座席の利用状況が把握でき、利用者1人ひとりの指定席券を確認するいわゆる検札、正確には車内改札を実施する手間が不要となった。

乗客サービスと運行 第10章

△ JR東海の自動改札機。利用者が改札機を通過した瞬間に、その情報は車掌用携帯端末機に送信される。そのため車掌は、指定席の利用状況をすぐに確認できる

写真提供：JR東海

10-2 車掌も運転を担当!? 運転車掌と旅客専務車掌

　新幹線の列車の車内で利用者へのサービスや運転に関する事務を行う乗務員を「車掌」という。車掌は大別して2つの役割を果たしている。

　1つは「運転業務」だ。これは、列車が駅に到着した際に、戸閉め装置を操作して戸の開閉を行ったり、戸を閉めたあとに運転士に出発合図を送るといった業務が中心となる。列車が動きだしたあとに安全上の理由で即座に停止させなければならない場合は、緊急ブレーキを操作する決まりだ。このほかに、車内を巡回し、機器に異常がないかをチェックしていく。

　もう1つは「旅客業務」だ。こちらは利用者へのサービスが中心となり、案内放送や車内改札を実施し、さらには切符の販売やほかの列車への案内なども行う。さらには、車内に不審者や不審物がないかと監視するのも重要な任務だ。

　通常の列車には、運転業務に専念する「運転車掌」と、旅客業務に専念する「旅客専務車掌」とが乗務するケースが多い。また、これらを統括する車掌を「車掌長」といい、専任かあるいは運転車掌または旅客車掌のどちらかを兼ねていることもある。

　車掌の業務をサポートしているのは車掌用携帯端末機だ。この機器は超小型のパソコンとプリンターとを内蔵したものといってよい。座席の種類の変更や乗り越しを求める利用者に車内補充券と呼ばれる切符を発行したり、時刻表や営業規則などがデータとして収められている。

　また、通信機能がついているため、乗務する列車の指定席の発

乗客サービスと運行　第10章

券状況も受け取ることができ、さらには総合指令所からの情報も表示される。車掌用携帯端末機によって車掌の装備は軽くなって労働環境は改善され、また情報化が進んだことで、利用者へのサービスの向上も図られている。

⬆ 東海道新幹線の品川駅を出発する700系と車掌。運転士は車掌にサポートされながら安全な運行を実現している

写真提供：時事通信社

10-3 列車ダイヤはいまでも熟練の担当者が仕上げる

　新幹線の列車の運転状況を1枚の図にまとめたものを「**列車ダイヤ**」という。ダイヤとは、図を意味する英語の「**ダイヤグラム（diagram）**」を縮めた言い方だ。列車ダイヤには、起点方向から終点方向に向かう列車は、左から右へと下降する斜線、その反対向きの列車は、左から右へと上昇する斜線として描かれる。これらの斜線の交差状況がダイヤモンドのようなひし形となっているのもダイヤといわれる理由のようだ。

　列車ダイヤを数値化したものが時刻表だ。15秒単位で記され、通過駅の時刻まで記したものは「**運転時刻表**」と呼ばれて乗務員が携えているほか、停車駅に関する情報だけを抜粋した時刻表は利用者にも広く配布されている。

　列車ダイヤを作成するには、旅客需要やその動向を把握し、いつ、どこに向かう列車が何本必要なのかを決めておく作業がまずは必要だ。とはいうものの、車両や線路の数にはかぎりがあるし、車両が備えている性能以上の速度で走らせることは当然できない。さまざまな制限のなかから利用者の要望にこたえ、もっとも効率のよい運転計画を策定していくことが担当者の腕の見せどころとなる。技術の進歩で、コンピューターに必要な条件を入力しておけば列車ダイヤの素案をつくることができるようになった。しかし、最終的な仕上げは、熟練の担当者が1人でつくりあげていく。列車ダイヤを複数の担当者で分担すると、同じプラットホームに2本の列車が進入するといった不都合が生じることがあるからだという。それだけシビアで綿密な作業なのだ。

複雑なのは列車ダイヤだけではない！

　列車ダイヤが作成されたら列車の運転計画はすべて完了かというとそうではない。作成された列車ダイヤにもとづいて、今度は**乗務員**や**車両の行程**を決めなくてはならないからだ。

　新幹線の乗務員や車両は1カ所に集中して配属となっているのではない。毎朝、主要駅から列車がいっせいに出発するためには、拠点ごとに必要な人員や車両を配置しておかないと列車を運転することができないからだ。同じように、夜も乗務員や車両を1カ所に戻らせることはない。乗務員には定められた労働時間の上限が設けられているから、1日中勤務させることはできないし、安全のために適宜休憩時間も必要だ。

　一方、車両にもさまざまな条件が課せられている。列車が終着駅に着いて、新たな列車として折り返す際には車内の清掃が必要だし、日数や走行距離に応じて検査を行わなくてはならない。このように、乗務員や車両の行程を決めることは非常に複雑な作業となるのだ。

　乗務員の行程は所属する現業機関ごとに作成されている。こうしてできあがった行路票を1カ所に集め、列車によって重複や漏れがないかどうかを精査しなくてはならない。いまでは、COMTRACやCOSMOSなどによって行程を作成することが可能となり、誤った行程となっていれば即座に訂正されていく。

　車両の行程は列車ダイヤ同様に1カ所で作成される。できあがった運用表の順序に従って車両は運用されていくのだが、すべての行程が終わるまでに台車検査や全般検査を迎えることも多い。この場合は該当する車両を途中で運用から外して、代わりに検査を終えた車両を行程に組み込む。

図 新幹線のダイヤグラム

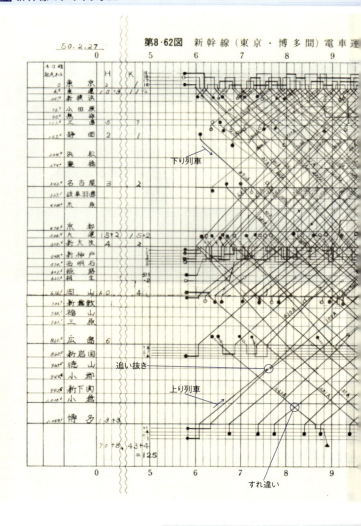

乗客サービスと運行　第10章

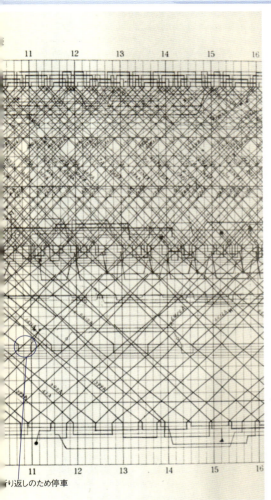

り返しのため停車

《 国鉄時代に用いられていた東海道、山陽新幹線のダイヤグラム。右上がりの線が上り列車で、右下がりの線が下り列車である。大変複雑だが、ダイヤを見れば新幹線のスケジュールがすべてわかる

出典:『詳解　新幹線』新幹線運転研究会/編著(日本鉄道運転協会、1975年12月、631～632ページ)

10-4 ホッとひと息つける車内販売の意外な秘密

　新幹線の列車では弁当や飲み物などがワゴンに載せられ、車両を巡回する「**車内販売**」が行われている。車内販売は一部の列車で実施中だ。現在、車内販売はすべてJR各社の子会社または関連企業によって展開され、独占状態となっている。薄利多売のうえ、人件費といった経費がかかるため、新規に参入しようという業者がないからだという。基本的に、車内販売は列車の始発駅から終点まで行われる。ただし、東海道・山陽新幹線の列車の場合、JR東海とJR西日本との境界である新大阪駅で担当が交代し、北陸新幹線ではJR東日本の子会社が全区間を担う。

　車内販売のほか、駅には売店も多数設置されている。これらは車内販売のようにJRの子会社や関連会社が手がけるほか、JRとは関係のない一般の企業も進出しているケースも目立つ。車内販売と比べて人件費やテナント料がかさまないからだそうだ。商品は独自のものも多数用意されている。その土地ならではの駅弁やみやげものを選ぶのも旅の楽しみだ。

《 旅のお供として欠かせない車内販売。アテンダントのきめ細かいサービスにいやされたことがある人もいるだろう

写真提供：
日本レストランエンタプライズ

第11章 海外・将来の高速鉄道

11-1 ヨーロッパ版新幹線「TGV」「AVE」「ICE」

　新幹線は日本だけの乗り物ではない。日本の新幹線の成功に刺激され、世界各国でも超高速で走る鉄道の研究が進められ、いまでは多くの国々、地域を走り回っている。世界的には新幹線のような鉄道は高速鉄道という。高速鉄道とは、250km/h以上で走行可能な鉄道システムを指す。これらのなかで日本の新幹線のように専用の線路を走る鉄道は「○○版新幹線」などと呼ばれる。さっそく、紹介することとしよう。

　日本の新幹線並みの路線網をもつ国は、フランスだ。フランスの新幹線は「TGV」(Train à Grande Vitesse) という。1982年に当時の日本の新幹線の最高速度を上回る270km/hで営業を開始し、首都パリを中心に路線網を築き上げた。現在は最高速度320km/hで国内各地とイギリス、ベルギー、オランダとを結ぶ。レールの幅が在来線と同じという特徴を生かし、都心部では在来線に乗り入れ、郊外から専用の線路を走る。

　TGVの技術はフランス国内だけでなく、国外にも輸出された。スペインに建設された新幹線は「AVE」(Alta Velocidad Espanola) と呼ばれる。TGV、AVEとも、強力な電気機関車を編成の両端に連結し、中間の客車に人を乗せる方式が採用されてきた。しかし、今後は日本の新幹線のように、各車両に動力をもつ電車も導入されるという。

　ドイツでは「ICE」(Inter City Express) と呼ばれる新幹線網が1991年に開業を果たした。こちらは最高速度330km/hで、オランダにも乗り入れる。

海外・将来の高速鉄道 第11章

《フランスの高速鉄道「TGV」。営業はパリ〜リヨン間で始まり、現在は南東、大西洋、北の3路線で運行中。線路の幅は新幹線と同じ1.435mだ

《スペインの高速鉄道「AVE」。約2時間半で、マドリード〜セビーリャ間の471kmを結んでいる。AVEとは、スペイン語で「鳥」の意味

《ドイツの高速鉄道「ICE」。オランダにも乗り入れる。TGVのような機関車方式が当初は採用されていたが、現在は電車が主流だ

図 動力集中型と動力分散型

分散型 新幹線（日本）、ICE（ドイツ）　　　　　　　　□ 動力車

集中型 TGV（フランス）、AVE（スペイン）、ICE（ドイツ）

11-2 台湾高速鉄道には日本の新幹線が駆け抜ける！

　日本に近いアジアの国々や地域でも鉄道は発達しており、より速く目的地に到達することを目的として新幹線が建設された。運転を開始した順に挙げると、韓国、台湾、中国の各国、地域だ。

　韓国の新幹線は「KTX」（Korea Train eXpress）と呼ばれる。前に述べたフランスのTGVの技術を導入して2004年に開業を果たした。最高速度は300km/hである。両端に強力な機関車を、中間に客車を連結するという点、そして都心部ではレールの幅が同じ在来線に乗り入れていく点がフランスと同じだ。営業実績を積み重ねた結果、現在は自国の技術で車両の開発を行っているという。

　台湾の新幹線は「台湾高速鉄道」と呼ばれる。2007年1月に開業した。最高速度は300km/hだ。フランスやドイツの技術をもとにつくられる予定で建設が進められていたが、のちに日本の技術も導入され、世界中の高速鉄道の技術の見本市のような形態をもつ。ちなみに、「700T」という車両は、JR東海とJR西日本との700系をベースに日本で製造された車両となった。日本製の新幹線の車両が海外を走るのは、これが初めてである。

　中国の新幹線は「中国高速鉄道」という名をもつ。フランス、ドイツ、カナダ、日本の技術を導入して建設が進められた。2007年1月から最高速度160km/hで営業が始まり、現在は350km/hへと向上している。「CRH2」という車両はJR東日本のE2系とほぼ同じだ。この車両は日本から輸出されたほか、技術提携によって中国国内でも製造されている。

海外・将来の高速鉄道 第11章

≪韓国の「KTX」。ソウル～釜山間を結ぶ「京釜線」と、龍山～木浦間を結ぶ「湖南線」とがある

≪台湾の「台湾高速鉄道」。1時間30分で台北～高雄間を結ぶ。1998年に前述のICEが大事故を起こしたことも、日本の技術が選ばれた一因といわれる

≪中国の「中国高速鉄道」。広大な国土を走るため、高速鉄道としてはめずらしい寝台車や食堂車も用意されている

11-3 各国がしのぎを削る高速鉄道の売り込み合戦

　新幹線の計画は世界中で進められている。構想まで含めると多くなりすぎて紹介できないので、実現の可能性が高いものに絞って取り上げることとしよう。

　ロシア、**ベラルーシ**の両国では、2020年代に新幹線が走る計画が立てられている。当初はロシアの技術でつくられる予定だったが、新たに技術を開発するととても費用がかかることから断念され、フランスとドイツとの技術が導入される公算が高い。最高速度は250km/hと、ほかの国々、地域の新幹線と比べるとやや控えめな数値だが、これは非常に寒冷な土地を走るために慎重を期しているとも考えられる。

　アメリカでは西海岸のカリフォルニア州、そして南部のテキサス州で新幹線の建設が決まった。一時は財政難のために計画が打ち切られそうになったが、航空機や自動車と比べて少ないCO_2の排出量など、環境面での優位性が評価されて実現の運びとなっている。いまのところ、カリフォルニア州での計画は、まだ流動的だ。

　一方、テキサス州ではダラス〜ヒューストン間の建設が決まり、2020年代前半の開業に向けて工事が進められている。日本の技術が導入されることとなり、JR東海はN700系をベースにした改良版を輸出するという。

　これらのほかに**インド**、**インドネシア**、**タイ**などでも新幹線が建設されることとなった。詳細は明らかになっていないが、日本の技術も導入される可能性が高い。

海外・将来の高速鉄道 第11章

表 海外で予定されている高速鉄道

国名	最高速度	開業予定	ベースとなる技術を保有する国
ロシア	250km/h	2020年代	フランスとドイツ
ベラルーシ	250km/h	2020年代	フランスとドイツ
アメリカ(テキサス州)	未定	2020年代前半	日本
インド	350km/h	2020年代	日本、フランス、ドイツ、中国など
インドネシア	未定	2020年代	中国
タイ	未定	2020年代	日本

⌃ 2010年5月11日、JR東海が実験中の超電導リニアモーターカーに試乗し、感想を語るラフード米運輸長官。アメリカで日本のリニアモーターカーが走る日がくるかもしれない

写真提供：時事通信社

11-4 これから走り回る全国各地の新幹線とは？

　現在、日本国内では全国新幹線鉄道整備法にもとづいて北海道、北陸、九州の各新幹線が建設中だ。あらましは2-6で取り上げているので、ここでは実際にどのような新幹線となるのかを紹介することとしよう。

　北海道新幹線の新函館北斗〜札幌間は211kmあり、いま建設している新幹線のなかでもっとも距離が長い。途中4カ所に駅が設置される予定で、新函館北斗駅から順に新八雲（仮称）、長万部（おしゃまんべ）、倶知安（くっちゃん）、新小樽（仮称）となっている。

　この区間はおおむね1時間程度で結ばれると予想されており、約4時間の東京〜新函館北斗間とを合わせると、東京〜札幌間が5時間程度で結ばれるようだ。3-8で紹介したE956形式「ALFA-X」での試験が成功し、360km/hでの運転に期待したい。

　北陸新幹線は金沢〜敦賀間の125kmが建設中だ。途中に設置される駅は金沢駅から小松、加賀温泉、芦原温泉（あわら）、福井、南越（なんえつ）（仮称）の5駅である。

　現在、大阪駅や名古屋駅方面と金沢駅とを結んでいる在来線の特急列車は敦賀駅止まりとなると発表されており、敦賀駅ではエスカレーターなどでの乗り換えとなるという。

　九州新幹線の西九州ルートは武雄温泉〜長崎間66kmと、距離は比較的短い。途中に3駅設置されることが決まっており、武雄温泉駅から順に嬉野温泉（うれしの）（仮称）、新大村（仮称）、諫早（いさはや）の3駅だ。武雄温泉駅では同一のプラットホームの向かい側に在来線の特急列車が停車できるつくりとなり、乗り換えは比較的容易となる。

海外・将来の高速鉄道 第11章

N700Sは東海道・山陽新幹線用に使用されているN700Aの後継となる車両として開発された。外観に大きな違いはないものの、さらなる省エネ化が図られたほか、停電時にも非常用のバッテリーで最寄駅まで走ることができる

東北新幹線のスピードアップを目指して開発されたE956型式「ALFA-X」。360km/hの営業運転を目指しており、テストの結果は北海道新幹線の新函館北斗〜札幌間が開業するときに登場する営業用車両に反映される。写真はE956型式の10号車。トンネルに進入したときの微気圧波を低減する目的で、E956型式のうち10号車となる先頭車は、全長26.25mのうち、実に22mが流線形部分となった

写真：時事

11-5 超電導リニアが走る中央新幹線とは？

　北海道、北陸、九州の各新幹線とは別に、もう1つ新幹線の建設計画が進められている。それが「中央新幹線」だ。中央新幹線は、東京都を起点に山梨県甲府市、愛知県名古屋市、奈良県奈良市の各付近を経由し、大阪府大阪市に至る新幹線である。

　11-4で挙げた新幹線は、政府が建設を指示した路線だが、中央新幹線はJR東海が独自に建設する新幹線だ。そして、中央新幹線は、レールの上を車輪を装着した車両が走るのではなく、「超電導リニア」という、まったく新しい技術を用いた車両によって運転されるという点が特筆される。

　超電導リニアがどのようにして走るのかは11-6で説明するとして、中央新幹線の役割から紹介することとしよう。

　JR東海は、東海道新幹線のバイパス路線として中央新幹線を2027年には開業させたいとのことだ。1964年に開業した東海道新幹

》山梨県都留市で試験が続けられている超電導リニアモーターカー。東京都内と名古屋市内との間の所要時間は、最短でわずか40分だという。現在の約1時間40分と比べると格段の速さだ

写真提供：JR東海

線は、1日約47万人が利用する日本の大動脈だが、寄る年波と酷使によって2020年代以降、列車を止めて改修工事を実施することが確実視されている。そこで中央新幹線は、東海道新幹線の機能を補うとともに、さらなるスピードアップも行われる路線として位置づけられた。

　2027年の時点では、まず東京都内と名古屋市内との間が開業し、遠くない将来に大阪市内まで延長される予定となっている。超電導リニアは、最高速度505km/hで走行可能だという。

11-6 超電導リニアの車体と線路の仕組み

　超電導リニアは、従来の鉄道とは大きく異なった仕組みをもつ。車輪とレールとの間に生じる摩擦によって走行するのではなく、車体が浮き上がり、地上の構造物とはどこにも接触することなく走行するのである。

　従来の鉄道との最大の相違点である、浮上そして走行の仕組みを紹介しよう。

　車両には強力な「**磁石**」、軌道には「**コイル**」がそれぞれ設置されている。コイルに電気を流すと、磁石とコイルとが反発し合い、車両は浮上を始めていく。続いて、一定の区間ごとに区切ったコイルに対し、流す電気の電源周波数を変えていくと、ある場所では超電導磁石と反発し、ほかの場所ではお互いに吸いつくという現象が起きる。これによりコイルは車両を押しだしたり、引っ張ったりという働きを繰り返して、車両を前に進ませていくのだ。超電導リニアの車両の制御はすべて地上側で行うことができるため、運転士が乗務する必要はない。

　超電導リニアと似たようなシステムは、すでに実用化されている。中国・上海の「**トランスラピッド**」や、愛知県を走る愛知高速交通の「**リニモ**」だ。しかし、これらのシステムでは車両が搭載している磁石は電磁石であり、超電導リニアが搭載している「**超電導磁石**」とは浮上力が異なっている。超電導リニアという新たな鉄道でもっとも重要なものは、車両に搭載されているこの超電導磁石だ。

　特定の種類の物質を摂氏マイナス273.15℃の絶対零度付近に

海外・将来の高速鉄道 第11章

《鉄のレールを抱え込むように設置されたモジュール下部の電磁石が上のレールに吸いつこうとする際に車体が上昇する仕組み。最高速度は約100km/h

写真提供：愛知高速交通

図 超電導とはなにか

超電導とは

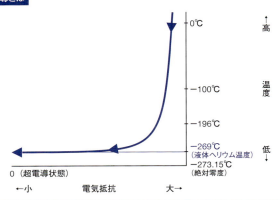

「超電導」とは、ある種の金属酸化物を、一定の温度（転移温度）以下に冷却したとき、電流の流れに対する電気抵抗がゼロになる現象を指す。超電導リニアではニオブチタン合金を液体ヘリウムで−269℃まで冷やす

参考：リニア新幹線　https://linear-chuo-shinkansen.jr-central.co.jp/

リニアモーターとは

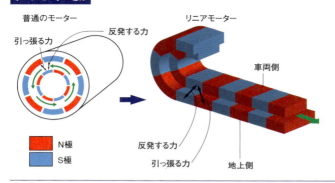

⌃ 通常のモーターを直線（linear：リニア）状に伸ばしたものと考えてよい

参考：リニア新幹線　https://linear-chuo-shinkansen.jr-central.co.jp/

図 リニアモーターの仕組み

推進の原理

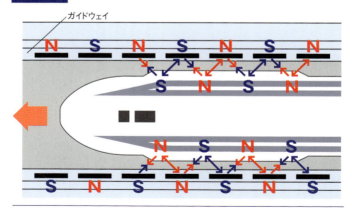

⌃ 車両側の「超電導磁石」と、ガイドウェイの両側に取りつけられた「推進コイル」の間に、N極・S極の引き合う力と、N極どうし・S極どうしの反発する力とが発生して車両が前進する

参考：リニア新幹線　https://linear-chuo-shinkansen.jr-central.co.jp/

海外・将来の高速鉄道 第11章

まで冷やすと、電気抵抗がゼロとなる。このとき、ひとたび電気を流すと、そのまま流れ続ける状態を「**超電導**」と呼び、そのような磁石を超電導磁石という。限定された条件下ながら、まさに夢といわれた機関なのだ。

こうした状態となった物質は、外部からエネルギーをいっさい供給することなく、非常に強力な磁力を生みだし続ける。超電導リニアが搭載している超電導磁石は、軌道に設置されたコイルと反発するだけで、重い車体を10cmも浮上させることが可能だ。

これは、外部から電力を供給することで磁力を発揮する電磁石を用いている上海のトランスラピッドやリニモの最大1cmと比べるとまさにケタ違いの力をもっている。おかげで、超高速で走

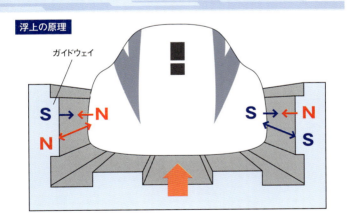

浮上の原理

△ 推進の原理と同様、車両側の「超電導磁石」と、ガイドウェイの両側に取りつけられた「浮上案内コイル」との間に引き合う力と反発する力が発生して車両が浮上する

参考：リニア新幹線 https://linear-chuo-shinkansen.jr-central.co.jp/

行していても、線路と接触するという危険性は低い。日本のような地震国では、万が一軌道が破壊されたとしても、車両が安全に停止できる必要がある。超電導磁石はまさに超電導リニアのカギを握る重要な技術だといえるだろう。

現在、超電導磁石の素材として有力視されているのは「ニオブチタン合金」という物質だ。この合金を液体ヘリウムなどでマイナス269℃にまで冷やすと超電導現象が発生する。だが、車両に搭載するには強力な冷却システムが必要で、しかも冷却温度がきわめて低いためにコストもかさむ。現在、より高い温度で超電導現象を生みだす物質の研究が進められており、実用化までにはさまざまな変更が加えられることだろう。

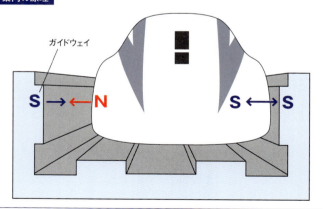

案内の原理

「浮上案内コイル」は、車両が左右のどちらかにずれると、近づいたほうには反発する力、離れたほうには引き合う力が発生するためまっすぐ進む

参考：リニア新幹線　https://linear-chuo-shinkansen.jr-central.co.jp/

超電導リニアの「線路」とは？

　超電導リニアの線路は、ゴムタイヤで走行する新交通システムのようにコンクリートの軌道となっているのが特徴だ。車両の側面の両側をカバーする側壁のような形状をもつ「**ガイドウェイ**」には、車両の浮上と走行とに必要なコイルが二重に埋め込まれている。コイルがなければ車両は浮上することも走行することもできない。

　このため、全線にわたって車両を取り囲むようにガイドウェイが張りめぐらされている。ガイドウェイに内蔵されたコイルのうち、車両に近い側に設けられているのは浮上を担当するコイルだ。このコイルは車両を浮き上がらせるだけでなく、車体が軌道から外れてしまわないように案内する役割も担う。

　コイルには三相交流・1万1,000〜2万2,000Vの電力が供給される。車両を押しだしたり、引っ張ったりするためと、車両の速度を調節するために、電源周波数はひんぱんに変えられていく。コイルが消費する電力は「**電力変換所**」と呼ばれる施設から供給される。電力変換所は電力会社から受け取った三相交流をいったん直流に変え、もう一度三相交流に変換してしまう。こうすることで任意の電源周波数を得られるのである。

　軌道を支える構造物には鉄筋コンクリートが用いられるが、超電導磁石とコイルとが発する強力な磁気によって鉄筋が磁化してしまう。すると、磁気の抵抗が生じて車両の浮上や走行に悪影響をおよぼす。このため超電導リニアでは、通常の鋼鉄ではなく、「**高マンガン鋼**」という、ほとんど磁化しない素材が採用される。なお、超電導磁石から1.5mほど離れれば、磁化の影響はほぼない。

《 参 考 文 献 》

●書籍

日本国有鉄道、名古屋幹線工事局/共編『東海道新幹線工事誌. 名幹工篇』(岐阜工事局、1965年)

日本国有鉄道大阪第二工事局/編『東海道新幹線工事誌』(日本国有鉄道大阪第二工事局、1965年10月)

日本国有鉄道下関工事局/編『山陽新幹線工事誌　小瀬川・博多間』(日本国有鉄道下関工事局、1976年3月)

日本国有鉄道/著『東北新幹線工事誌　大宮・盛岡間』(日本国有鉄道、1983年)

日本鉄道建設公団盛岡支社/編『東北新幹線工事誌　盛岡・八戸間』(日本鉄道建設公団盛岡支社、2003年3月)

日本鉄道建設公団/編『上越新幹線工事誌　大宮・新潟間』(日本鉄道建設公団、1984年3月)

日本鉄道建設公団新潟新幹線建設局/編『上越新幹線工事誌　水上・新潟間』(日本鉄道建設公団新潟新幹線建設局、1983年3月)

日本鉄道建設公団北陸新幹線建設局/編『北陸新幹線工事誌　高崎・長野間』(日本鉄道建設公団北陸新幹線建設局、1998年3月)

鉄道建設・運輸施設整備支援機構鉄道建設本部青森新幹線建設局/編『東北新幹線工事誌　八戸・新青森間』(鉄道建設運輸施設整備支援機構、2012年)

鉄道建設・運輸施設整備支援機構鉄道建設本部九州新幹線建設局/編『九州新幹線工事誌　新八代・西鹿児島間』(鉄道建設・運輸施設整備支援機構鉄道建設本部九州新幹線建設局、2005年3月)

鉄道建設・運輸施設整備支援機構鉄道建設本部東京支社/編『北陸新幹線電気工事誌　長野・金沢間』(鉄道建設・運輸施設整備支援機構鉄道建設本部東京支社、2016年3月)

鉄道建設・運輸施設整備支援機構鉄道建設本部東京支社/編『北海道新幹線電気工事誌　新青森・新函館北斗間』(鉄道建設・運輸施設整備支援機構鉄道建設本部東京支社、2017年3月)

鉄道建設・運輸施設整備支援機構鉄道建設本部九州新幹線建設局/編『九州新幹線工事誌　新八代・西鹿児島間』(鉄道建設・運輸施設整備支援機構鉄道建設本部九州新幹線建設局、2005年3月)

『新幹線の30年』(東海旅客鉄道新幹線鉄道事業本部、1995年2月)

国土交通省鉄道局/監修『平成30年度　鉄道要覧』(電気車研究会、2018年9月)

国土交通省鉄道局/監修『注解鉄道六法　平成30年版』(第一法規、2018年11月)

『新幹線信号設備』(日本鉄道電気技術協会、2002年4月)

『ATS・ATC』(日本鉄道電気技術協会、2001年7月)

新幹線運転研究会/編『詳解　新幹線』(日本鉄道運転協会、1975年12月)

新幹線運転研究会/編『新幹線』(日本鉄道運転協会、1984年10月)

田中宏昌・磯浦克敏/共編『東海道新幹線の保線』(日本鉄道施設協会、1998年12月)

高速鉄道研究会/編著『新幹線』(山海堂、2003年10月)

日本規格協会/編『JISハンドブック　鉄道』(日本規格協会、2019年7月)

●定期刊行物

ジェイアール東海エージェンシー企画制作部/企画・編集『JR東海技報』各号(東海旅客鉄道総合技術本部)

東日本旅客鉄道総合企画本部技術企画部『Technical review, JR East』各号(東日本旅客鉄道)

東日本旅客鉄道広報部/編『会社要覧　JR東日本』各号(東日本旅客鉄道広報部)

鉄道総合技術研究所/編『Railway research review』各号(研友社)

鉄道総合技術研究所/編『鉄道総研報告』各号(研友社)

『JREA』各号(日本鉄道技術協会)

『Rolling stock & machinery』各号(日本鉄道車両機械技術協会)

日本鉄道施設協会/編『日本鉄道施設協会誌』各号(日本鉄道施設協会)

東芝ドキュメンツ/編『東芝レビュー』(東芝技術企画室)

『日立評論』各号(日立評論社)

『土木技術』各号(山海堂)

『東洋電機技報』各号(東洋電機製造)

『ひととき』各号(ジェイアール東海エージェンシー)

●パンフレット

『Series N700』(東海旅客鉄道・西日本旅客鉄道)

『Dear Japan』(東海旅客鉄道)

『新幹線鉄道事業部のご案内』(九州旅客鉄道新幹線鉄道事業部)

『NIPPON SHARYO Toyokawa Plant』(日本車輌製造豊川製作所)

サイエンス・アイ新書
SIS-437

https://sciencei.sbcr.jp/

新幹線の科学
改訂版
進化し続ける日本の「大動脈」を支える技術

2010年7月25日　初版第1刷発行
2014年6月10日　初版第4刷発行
2019年9月25日　改訂版第1刷発行

著　　者	梅原 淳	
発行者	小川 淳	
発行所	SBクリエイティブ株式会社	
	〒106-0032　東京都港区六本木2-4-5	
	電話：03-5549-1201（営業部）	
装　　丁	渡辺 縁	
組　　版	株式会社ビーワークス、クニメディア株式会社	
印刷・製本	株式会社シナノ パブリッシング プレス	

乱丁・落丁本が万が一ございましたら、小社営業部まで着払いにてご送付ください。送料小社負担にてお取り替えいたします。本書の内容の一部あるいは全部を無断で複写（コピー）することは、かたくお断りいたします。本書の内容に関するご質問等は、小社科学書籍編集部まで必ず書面にてご連絡いただきますようお願いいたします。

©梅原 淳　2019 Printed in Japan　ISBN 978-4-7973-9709-3

SB Creative